U0030624

「痘」痘，醫生教你鬥！

莊盈彥 醫師 著

痘疤女王®
讓肌膚乖乖聽話的養肌攻略

目錄 CONTENTS

PART I

克服美肌小惡魔的第一步

——關於痘痘的基礎認知

01 這顆紅紅的到底是什麼？

——從粉刺到囊腫，認清惱人的美肌敵人

只要是人類一定長過青春痘，雖然這是個常見的問題，但是裡面的學問之大，一定要在第一章就開門見山地把定義講清楚，好方便痘粉們自己判斷目前的狀況是輕微、中度，還是絕對需要醫療介入的狀況。

如果你仔細去觀察班上的同學、公司的同事，多多少少會發現他們臉上有一些凸起或紅點，分別都可能代表不同型態的痘痘，而每個人的痘痘型態與嚴重程度都是不一樣的，因為青春痘可以分成不同種類，每個種類也可分為不同嚴重程度，痘粉們在看完這章後，應該就有能力判別自己的種類與嚴重程度，然後才好對症下藥！

我的皮膚問題嚴重嗎？

醫生通常喜歡把病程數據化，例如把級數分為零到四級，再乘以數量的多寡，得到另外一個數字；但這種量化過程需要評估者仔細計算青春痘的數量，並且分別記錄臉部、身體前胸後背等不同部位的青春痘，然後分別計算分數。但

是說實在話，在門診裡真的無法一顆一顆慢慢數，甚至動用螢光照相機評估菌量的多寡。

　　以下是我找到比較適合一般民眾了解嚴重程度的分類方式，這個分類方法比較簡單，總共分為五級：

等級	皮膚狀態	因應方式
無病呻吟	可以稱為「幾乎沒有青春痘」。額頭可能偶爾會出現三、四顆內包型粉刺，或是因為月經來前一週、晚睡半小時就長了一顆青春痘，但大部分的狀況下幾乎沒有膿皰。	不必因應。
輕微青春痘	臉上多了一些小膿皰、紅丘疹、內包粉刺，但是數量不超過十顆，在 2.5 公尺以上的距離幾乎看不出來。	可以諮詢醫師，或是自己擦一點果酸或開架式的抗痘產品，狀況就可以穩定下來。
中度青春痘	臉上有許多膿皰，丘疹開始變得比較凸起、紅腫等，明顯到他人很難忽略，整個臉看起來會是一點一點紅紅的。	通常使用開架式產品已無法緩和，需要找皮膚科醫師開始治療。

等級	皮膚狀態	因應方式
嚴重青春痘	區別中度與嚴重程度的青春痘，重點就在於「發炎」。此時臉部有密密麻麻的膿皰、丘疹，整張臉看起來紅紅的，甚至有些人的內包粉刺會擴散到整個臉部，每一平方公分裡面都有好幾顆，在 2.5 公尺以上的社交距離都可以輕易察覺。	請務必立刻就醫，延遲治療只會導致遺留下永久的疤痕組織。
極度嚴重青春痘	臉部、前胸後背都出現大顆的囊腫，這些膿瘍可以大到好幾公分，一切開膿瘍裡面的膿會源源不絕地流出。這些膿腫通常都佈滿了整個臉，並且非常疼痛，就算只是洗臉也會造成嚴重不適。	除了立刻就醫之外，也務必搭配口服藥物才能緩解。

粉刺、囊腫、膿皰……該怎麼區分？

　　我通常會把痘痘的種類，分為無發炎與有發炎。無發炎的青春痘叫做粉刺，有發炎的青春痘則可以分為紅丘疹、膿皰、囊腫、膿瘍。

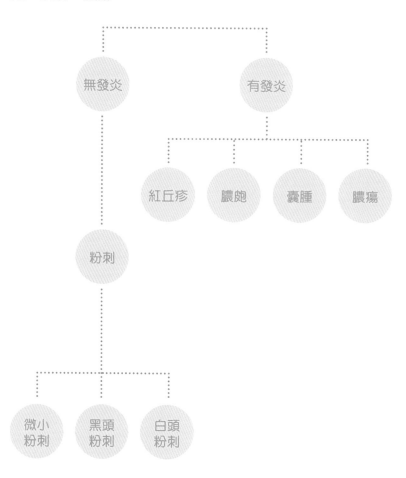

粉刺

　　粉刺是青春痘的一型，是由皮脂與死掉的角質細胞組成，裡面雖然有細菌，但是不會構成發炎反應，是我們皮膚上最常見的一個型態，可分為白頭粉刺與黑頭粉刺。所有粉刺一開始都是白頭粉刺，但如果粉刺的開口有部分暴露在空氣中，就會氧化，導致顏色變黑。由於會長粉刺的皮膚角質代謝異常，導致粉刺就一直堵在毛孔的開口。白頭粉刺因為被皮膚表層覆蓋著，所以只有摸起來是一顆一顆凸起的感覺，並無法觀察到任何顏色。粉刺可以長在臉部、頸部、前胸與後背，只要皮脂腺旺盛的地方都可以生成。

　　粉刺與真正青春痘的區別，就在於發炎反應是否存在，由於沒有發炎，所以不會紅腫，摸起來就是表皮下面有一顆一顆的感覺。這些粉刺通常對外用藥膏反應都不錯，可以試試外用 A 酸、水楊酸、過氧化苯甲醯（BPO）、杜鵑花酸與開架式果酸，這些皆有代謝角質與殺菌的功效。

　　很多粉刺是在顯微鏡底下才看得到，用手摸摸不出來的，這種我們稱為微小粉刺（microcomedones），很多證據指出，這些小粉刺會導致之後的發炎性青春痘。所以，長期控制粉刺問題與保持表皮的代謝正常是很重要的。

粉刺型青春痘可以長得非常嚴重。我偶爾會在門診看到額頭、下巴與臉頰長了密密麻麻、不下上百顆內包型粉刺的病人。這類病人光靠外用藥物無法快速得到控制，需要立刻使用口服藥調整才行。

Q&A

Q：粉刺可以自己用粉刺夾處理嗎？或是可以去外面請美容師幫忙清嗎？

A：每個人都有擠內包粉刺的欲望，常會擠壓過度，提高留疤的風險。大顆的內包粉刺我會建議請專業人士清理出來，因為光靠藥物代謝過慢。但如果是一般鼻頭上、額頭上的小粉刺，靠藥物與正確的清潔其實都會正常代謝。

發炎性青春痘

發炎性青春痘的發生原因與細菌有關。發炎反應有可能侵犯到皮膚的深層，侵犯得越深，留疤的機率也越大。由於發炎嚴重程度不同，我們用不同的名詞來描述它們。

最輕微的稱為紅丘疹（Papular Acne）。丘疹型青春痘是因為堵塞的毛孔周圍產生發炎反應所導致。這些病灶會有

點疼痛,毛孔周圍的皮膚通常都是粉紅色的。

　　嚴重一點叫做膿皰(Pustular Acne)。與丘疹不同之處在於病灶開始出現化膿,並且整顆發炎,顯得更為紅腫,病人甚至可以觀察到黃色與白色的膿頭。

　　更嚴重叫做囊腫(Nodular Acne)。除了毛孔堵塞、化膿,整個發炎狀況甚至刺激整個真皮層,造成更劇烈的發炎反應。這些囊腫通常都不是位於皮膚的表層,而是在皮膚的深層位置。這類青春痘沒辦法在家裡自行解決,需要搭配口服藥物、外用藥物,甚至切開排膿,才能讓化膿快速消除。

　　最嚴重叫做膿瘍(Cystic Acne)。這種發炎反應非常誇張,臉上通常會腫起一大個疼痛的腫塊,這是巨大型的發炎反應與感染。我聽過香港病人形容這類腫塊叫做「石頭瘡」,非常地貼切。這些病灶源頭是在皮膚最深層之處,也最容易留下永久性痘疤。一個膿瘍從開始到癒合需要兩、三個月才能結束,也是最需要服用口服 A 酸的一群病人。

　　一位病人臉上通常有多種型態的青春痘,但是只要你臉上出現情況比較嚴重的青春痘,就應該要開始嚴陣以待,並且快速就醫。

O2 痘痘為什麼長不停?

——打擊出油、加強代謝,對症下藥才能斬草除根!

「醫生,我長痘痘好多年了。看了很多的中醫、婦產科,還有去護膚中心做臉,買了很多保養品,都不見起色……」

A 小姐說著說著,就從地上拎起了一袋裝滿了保養品的提袋,約莫有十來罐。

「妳可以告訴我哪些可以擦,哪些不可以擦嗎?我買了某某網美介紹的這罐,這真的好紅喔,可是對我都沒什麼效……」

「還有,妳可以告訴我要吃什麼東西,才可以停止長痘痘嗎?」

「還有,我真的很不想吃藥,尤其是西藥,我可不可以只吃膠原蛋白跟維他命 C?有網友說這樣吃可以治療痘痘。」

「還有……」

許多病人總是像 A 小姐這樣極度焦慮地來看診，巴不得把他們過去這幾年所吃的、所用的、所塗的東西都跟我一一道盡，可是其中 99% 的方法都是不對的！

　　你有可能一個晚上就會冒出十幾顆痘子，但這些擾人、醜陋的怪物，生成原因卻相當複雜。

　　青春痘，正確的醫學名字叫做痤瘡，可發生在任何年紀，通常都是青春期的少男少女長得特別嚴重；但有些病人明明已經過了青春期，但是痘痘卻越長越多，這些人一定忍不住想問：痘痘到底為什麼一直長不停？

讓痘痘此起彼落的四大原因

　　一般痘痘的生成原因可以分成四大類：
一、皮脂分泌過多
二、角質代謝異常
三、細菌過度增生
四、雄性荷爾蒙增加

聽起來很教科書對吧？放心，在等下的篇幅裡面，我保證盡量白話，仔細地為大家介紹，不讓大家看到睡著。

皮脂分泌過多

我們的皮脂腺要接收一連串複雜的訊號傳遞，才能分泌油脂，這些複雜的訊號可以把它們想成傳令兵。

這些傳令兵包括：（一）類固醇與其衍生物；（二）雄性激素與其衍生物；（三）組織胺；還有一些（四）神經調節物質，如 Substance P。傳令兵在我們壓力大、睡眠不足、飲食不正確、肥胖的時候都會出現，往後的章節會再仔細為大家解說，如何預防傳令兵出現。

過多皮脂腺分泌會引起發炎反應。只要有發炎，而且是慢性的發炎，就會導致組織變成疤痕的型態。這也造就某些青春痘病人通常隨著年紀越大、毛孔越粗大，雖然不長痘痘，但是毛孔擴大反而更加嚴重，因為正常的毛孔粗大組織已經慢慢變成疤痕組織。

角質代謝異常

痘痘肌膚的病人，角質剝落往往特別慢。人類的皮膚

每天都會剝落幾層角質層，但是痘肌病人的角質層卻特別地「黏」。這些角質層停留在皮膚上的時間會比正常人久，並且堵塞毛孔。粉刺與油脂都因為這些特別「黏」的角質層，導致代謝不正常。過多的皮脂分泌堆積成粉刺，過多的粉刺感染之後，就變成痘痘。

細菌過度增生

在談細菌之前，我們先來談更廣義的皮膚微生物體與環境。很多看似痘痘的紅色凸起物，都是微生物所造成，最常與痤瘡連結的細菌是痤瘡丙酸桿菌（Propionibacterium acnes）；最常與皮屑芽孢菌毛囊炎扯上關係的黴菌是馬拉色菌（Malassezia）；現在則有越來越多證據指出，膿皰型酒糟與蠕形蟎蟲有關。

既然我們的重點是痘痘（痤瘡），那當然要好好聊聊痤瘡桿菌。這種細菌會形成一個生物膜，因為細菌的細胞膜有大量的多醣體，可以牢牢地抓在毛囊的壁上，最後當然是引起一連串的發炎反應，也就是我們看到的膿皰。任何微生物只要形成生物膜，就好像穿上百毒不侵的盔甲，讓細菌不受抗生素破壞，也不受我們自身的免疫細胞殺害。

痤瘡桿菌還會改變角質層代謝的速率與外觀。原本角質有正常脫落的速度，但會因痤瘡桿菌的關係導致剝落變慢，過多的角質層堆積在毛孔出口，造成毛孔堵塞，原本要被排出的皮脂就變成內包粉刺。如果這時痤瘡桿菌再引起發炎，就導致發炎型的痘痘啦！

雄性荷爾蒙增加

　　我們沒有辦法拿掉過高的雄性荷爾蒙，只能透過飲食、睡眠、壓力控制降低荷爾蒙的異常升高。荷爾蒙會刺激皮脂腺過度分泌皮脂，提供細菌理想的生長環境，讓皮脂腺發炎與化膿。過多的皮脂也會堵塞毛孔的出口，造成皮脂分泌向內推擠，進而造成細胞壁破裂，引起發炎反應。所以這些看似不相干的致痘原因，其實彼此都是環環相扣！

　　很多女性都會在月經來的前幾天冒出幾顆大痘痘，這些女性通常都比一般女人多一些些雄性激素，有時候不是「絕對值」過高，而是與雌性激素的「相對值」過高。這些女性可以透過避孕藥或是抗雄性激素利尿劑，達到不錯的青春痘控制效果。

讓痘痘找上你的終極原因

「為什麼別人都不會長，就只有我會？」

我最常聽到我的小病人忿忿不平地抱怨這句話。這不是你們的錯，真的不是。青春痘的嚴重程度，追根究柢就是與「基因」有關。曾經有針對雙胞胎的青春痘研究，發現同卵雙胞胎同時間長青春痘的比例，比異卵雙胞胎多。基因的不同可以解釋約 80% 的問題，而其他 20% 則要歸咎於環境、作息與飲食，這些都會影響到前面提及的四大痘痘原因。另外也有研究指出，父母如果年輕時受青春痘所苦，他們的孩子比不長痘痘父母的孩子，會有四倍高的機會得到青春痘。

比較容易長青春痘的病人，他們的基因調控會讓他們的皮脂腺分泌出大量的皮脂，他們的肌膚對過多的油脂也比較敏感，容易導致毛孔阻塞與毛囊皮脂腺發炎，而發炎的情況也比一般不長青春痘的人嚴重，容易留下過深的痘疤。

仔細思考一下，父母臉上是否也有痘疤或是毛孔樣的疤痕組織？如果有，代表你可能就是那 80% 出於基因問題，需要更加小心照顧肌膚的人，請務必好好控制和調養自己的青春痘！

03 每 28 天就要毀容一次！

—— 擊敗讓人崩潰的生理痘

許多女孩的故事大概都是這樣的：

月經過後那兩週，皮膚開始越來越好，甚至連毛孔都覺得有幾天縮得特別小，分泌油脂量也是最少的，照鏡子時心情也特別好。但這一切，都會在月經來的前一週風雲變色！嘴巴周圍開始出現幾顆腫痛又難看的囊腫型青春痘，隨著月經來潮的時間越來越接近，痘痘也越瘋狂地肆虐，這時照鏡子時看到水腫又滿臉豆花的自己，不禁沮喪又難過；直到大姨媽來的那天，皮膚的狀況慢慢穩定下來後，這個循環又會再重複一次……。

妳並不孤單！

大約有 40％到 65％的女人在月經前後，都會無法避免地長出幾顆生理痘，即使已經吃好睡好，並且完全活在無壓力的天堂狀態，都還是有可能長出生理痘！生理痘是女性為了要繁衍下一代的生殖荷爾蒙高低起伏所導致，有些人輕微，但有些人則相當嚴重。

背後作怪的生理激素

女人的生理期是被複雜但銜接完美的荷爾蒙高低起伏所控制，為的就是要每月在子宮裡鋪上一層乾淨的子宮內膜床單，好受孕接待新生命！

女人的生理周期是 28 天，前半段是雌激素為主，後半段則是由黃體素為主，當月經開始時，是這兩種荷爾蒙最低的時候。女性也有雄性荷爾蒙，但是雄性荷爾蒙的量在所有的日子都是相同濃度，而由於月經來時所有的雌激素都會降到最低，使得雄性荷爾蒙相對變得比較高。雄性荷爾蒙是導致青春痘很重要的原因之一。這些雌激素、黃體素、雄性荷爾蒙的起伏變化，就是導致生理痘的原因。

黃體素則會導致皮脂分泌旺盛。在排卵期過後，黃體素就開始上升，直到月經快來的前一天才會快速下降。所以妳通常會發現，月經來的前一周皮脂分泌量會上升，而皮脂分泌旺盛就會讓痤瘡桿菌大量增生，痘痘的發生率也就越來越高了。

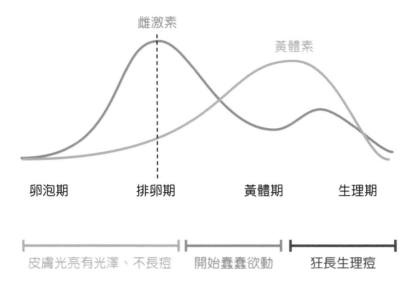

雌激素　黃體素

| 卵泡期 | 排卵期 | 黃體期 | 生理期 |

皮膚光亮有光澤、不長痘　開始蠢蠢欲動　狂長生理痘

生理痘何時會開始肆虐？

50%深受生理痘困擾的女人，會在月經來的二到七天開始冒痘；另外一部分的女人則是在月經來的頭幾天冒痘；甚至有少部分的女人會在月經結束後才冒痘。所以每個人的冒痘時間並不一定，妳可以透過記錄生理期的 App，記下自己通常是何時開始發痘、又是在哪幾天特別嚴重，然後針對這段時間改變作息，或是提早進行預防青春痘的藥物控制。

另外也有一部分的女人，覺得她們根本無法分辨哪些是

生理痘，因為她們無時無刻都長不停。如果妳是屬於這類的病人，妳長痘的原因不會只有生理期這麼簡單就可以解釋，妳需要更認真檢視作息、食物、壓力等其他惡化因子。

生理痘通常出現在哪個部位？

　　很多女人會以為生理痘都長在嘴邊、下巴、下頜骨甚至脖子，但是其實整臉都可能生長，整臉發生的機率其實是差不多的喔！這些生理痘通常都是以大顆囊腫痘痘的形式出現，比較少是粉刺或是白頭。由於是囊腫型青春痘，很多女人很難控制用手去摸、去摳，導致留下難看並且長久的色素沉澱。生理痘是常見的搔抓型青春痘（Acne excoriée）的起因。

如何對抗生理痘？

　　首先需要的是放鬆心情，不要過度責怪自己長痘痘，讓上個月的努力又功虧一簣，畢竟大多數的女性都會面臨這樣的狀況。讓自己增加壓力，反而會讓當前的情況惡化（可參考第六章），非常不值得！這時候妳可以做的事情包括：

觀察周期、調整作息

如同前面提過的，運用記錄生理期的 App，抓出生理痘會肆虐的「危險日期」，在那幾天或那幾天之間，特別避免各種會造成青春痘惡化的因子，在那段時間乖乖地早睡、降低生活壓力、避免吃會促發長痘的食物等等。

瘦身與清淡飲食

這一點雖然需要比較長的時間，但長期而言也對生理痘有幫助，因為所有可以升高性腺荷爾蒙結合球蛋白（sex hormone-binding globulin，SHBG）、可吸掉雄性荷爾蒙的「抹布」，都可以降低雄性激素、減少青春痘。肥胖會減少荷爾蒙結合球蛋白，吸收比較少的雄性荷爾蒙，最終升高雄性激素。少油少糖的飲食不但有助瘦身，也可以減少長痘，可說是一個良性循環。

服用避孕藥

由於生理痘的起因是荷爾蒙，許多藥物治療都會圍繞著荷爾蒙打轉。升高雌激素會降低雄性激素的作用。避孕藥可以增加體內的性腺荷爾蒙結合球蛋白，吸收我們不想要的過多雄性荷爾蒙。雖說避孕藥可以控制青春痘，但也要小心某

些避孕藥含有升高雄性激素的黃體素，如 norgestrel 還有 levonorgestrel，必須要小心使用，可能會造成青春痘惡化。

　　另外避孕藥也可以降低油脂分泌量，不過要用來控制痘痘，大約需要等待三個月才能看到效果，等到身體比較適應荷爾蒙的變化，青春痘就可獲得控制。

服用利尿劑

　　我常用 Spironolactone 這種藥物搭配抗生素來控制青春痘。這個藥物可以降低雄性激素的濃度，也可以稍微控制出油量。但由於它是利尿劑，長期服用可能導致電解質不平衡，還可能導致胸部脹痛、頭痛、疲勞，所以這個藥物並不是所有女性都適用。

莊醫師自己控制生理痘的方法

1. 觀察自己生理痘發生的時機。我生理痘的發生時間約在生理期來的前七天，所以我在生理期來的前十天就會開始準備。

2. 生理期來的前十天，每天都會乖乖按照時間就寢，絕不熬夜。由於生理痘的發生原因是因為內因性的荷爾蒙高低起伏所引起，所以我們絕對不能再加重因為熬夜、壓力增加所導致青春痘的荷爾蒙，這只會雪上加霜而已。

3. 每天塗抹外用 A 酸、杜鵑花酸，或是過氧化苯（BPO）。我長生理痘的好發位置在額頭、眉毛與太陽穴位置，所以每天我的保養第一步驟就是擦這些藥物。如果你的生理痘好發在下巴，則可以每天擦藥在下巴與下頜骨。

4. 依照上個周期所冒的青春痘，考慮要不要服用口服藥物。如果上個周期的生理痘非常大量，約有五顆以上，我會選擇在生理期前七天開始，服用一週的四環黴素。

參考資料

Lauren Geller, MD, Jamie Rosen, BA,b Amylynne Frankel, MD,a and Gary Goldenberg, MDa. Perimenstrual Flare of Adult Acne. *the Journal of Clinical and Aesthetic Dermatology*. 2014 Aug; 7(8): 30-34

04 這樣「睡」出好膚質

——為什麼有人早睡還是長痘痘，有人晚睡還是晶瑩剔透？

A同學是個大一新生，青春痘從變聲開始就在臉上肆虐，原以為是考大學的壓力造成，所以無法斷根；但是上了大學後半年，再也沒有繁重的升學壓力，卻也不見青春痘改善。

A同學跟父母請了一點費用，來我們診所做清痘換膚與脈衝光治療，並且定期服用抗生素與外用藥膏控制青春痘。治療大概兩個月後，狀況是有改善一些，但我還是覺得不滿意。我邊幫他打脈衝光，邊隨口問他：「你每天晚上都幾點睡？」

A同學有點尷尬，支支吾吾地說：「我大概都……滑手機到兩三點耶……」

唉！也難怪青春痘無法控制下來。這無法怪醫生無能，只能怪現代手機太誘人！

讓皮膚失控的壓力荷爾蒙

造成青春痘生長的原因有非常多，其中一項「荷爾蒙」，最常被拿來做文章，就連病人本身都認為青春痘長滿臉，一定是荷爾蒙不平衡導致，這些話中醫師會說、一般科醫師會說、一般民眾長久被教育下來也會說了。但聰明的病人一定會再追根究柢地問：「醫師，你說我荷爾蒙不平衡，這到底是個什麼樣的病？」

除了極少數的痤瘡病人是與病態型的荷爾蒙異常有關，其實大部分病人的痤瘡起因都是作息不正常，導致體內分泌過多的壓力荷爾蒙，如類固醇。聽到類固醇先不用聞風喪膽，我們每人每天都會製造約 5mg 的類固醇，這可是維持生命的必需荷爾蒙呢！

早上一大早，我們起床時會分泌皮質醇（類固醇的一種），它的作用是讓血壓升高，讓我們更加清醒，幫助應付接下來一天要面臨的種種問題。在睡眠時，皮質醇分泌量則會下降。所以一旦你熬夜，身體就需要分泌過多的皮質醇，來應付熬夜的種種需求。

可是，生物體相當奧妙，所有的東西都處在一個和諧的

平衡中，多一點、少一點都有可能造成疾病。多了一些皮質醇，但是身體裡代謝皮質醇的酶沒有那麼多，多的皮質醇就極有可能被代謝成雄性激素。皮質醇、雄性激素、女性荷爾蒙，還有維持血壓的醛固酮，這些荷爾蒙都是上游與下游的結構式改變。

總結一句，本來身體沒有製造這麼多荷爾蒙，你硬生生為了多打一下手遊，或是漫無目的地在臉書或 IG 上面亂逛，身體就平白無故製造更多會刺激痘痘產生的荷爾蒙。這些荷爾蒙不平衡的量，高到可以檢驗出來。由此可見，只是為了多玩一下手機，卻導致身體出了問題，真的很不值得！

想想小時候，媽媽經常九點甚至八點半就開始趕孩子準備睡覺；接著我們一年一年長大，就寢時間就開始慢慢往後退；上了大學，則來到人生最晚睡覺的時期……。我很喜歡問病人幾點睡，不難發現七、八成病人的睡眠時間都集中在晚上一、兩點。一、兩點真的太晚了！

Q&A

Q：如果真的睡不著，有哪些助眠的小妙招？

A：1. 白天盡可能讓自己累一點，例如運動、不要午睡等等。

2. 睡覺前兩個小時請放下手機、關掉電視與電腦,遠離 3C 的聲光刺激。

3. 養成睡覺前的一連串「儀式」,有助於暗示大腦該睡覺了。例如我的睡前儀式是喝一點蘋果醋、換睡衣之後,去洗臉刷牙,然後再擦保養品。

4. 剛開始調整生理時鐘,必定會有一週左右的不適應期。請堅持下去,千萬不要兩天過後就放棄,不然永遠不可能成功!

為什麼有人早睡還是長痘痘,有人晚睡還是晶瑩剔透?

這個問題我在門診常常被病人氣呼呼地追問,而我的答案就是——你不是晶瑩剔透的那位,就代表你的體質不可能讓你晶瑩剔透,你就是要想盡各種辦法讓自己不長痘痘!

長痘痘的原因當然很多,過多的壓力荷爾蒙只是其中一種,但由於青春痘非常難治療,能夠調整任何一種原因,都會對青春痘有所助益!

我當然知道以現在的社會，七、八點就上床睡覺很奇怪，我也沒有辦法做到，但是至少十點半到十一點是一定可以執行的！除了需要輪班與上大夜班的民眾，大部分上班族會在七點多回到家，洗個澡、跟家人聊聊天、準備一下隔天需要的物品，最晚十一點應該是可以順利躺上床的。但是這個時間幾乎所有朋友都在線上，導致許多人半夜十二點都還握著手機確認新訊息。

　　科學研究已經指出，不斷檢查手機是種高度上癮行為，網路上已經有很多探討如何戒掉手機的教學，例如克制睡前活動的 SleepTown App、偵測睡眠品質的 Sleep Cycle 或 Android 睡眠伴侶……等相當多，大家不妨搜尋一下。

Q & A

Q：褪黑激素是什麼？真的睡不著的話，服用褪黑激素有效嗎？

A：這是我們大腦會在晚上自行釋放的荷爾蒙，會幫助我們睡眠，它必須在周遭環境黑暗的情況才會釋放，所以睡前一直抱著手機或是看電視追劇，會讓眼睛暴露在藍光之下，非常不利於褪黑激素的釋放。

　　服用褪黑激素是有效的，它在歐美地區是開架式口服保養品，同時也有抗氧化與美白的功效；

盡可能斷絕讓你晚睡的根源

有些人可能會說：「我也不是故意晚睡的呀！」最常見的族群就是值班人員了。值班是最不符合生理運作的制度，該睡覺時無法睡覺，晚上執勤時又面臨許多緊急狀況，皮質醇也會因此分泌得更多，這樣的壓力型痘痘連藥物都無法控制下來。

對於需要值班的工作，像是救人相關的醫護、消防、警察等等，我會有兩個建議，第一個是選擇身體健康──換個工作吧！第二個，如果你的工作無法說換就換，需要執行「花花班」，意思就是上班時間不固定，應該認真與公司或是機構討論一個可固定上班的時間，例如大夜班就是整個月上大夜班，讓生理時鐘規律並且擁有六至八小時的睡眠，這樣即使你無可避免地需要熬夜，痘痘的發生也是可以在規律的作息下，得到些許的控制。

莊醫師的痘痘血淚史

　　我醫學院畢業時第一志願不是皮膚科，而是最累人的外科。每隔一、兩天就要值班，整晚不能睡覺絕對是家常便飯。值班的意思是連續工作三十六小時，只要手機響起就必須立即現身處理病人狀況，三十六小時中可以閤眼休息的時間大概只有三個小時，而且是斷斷續續加起來的三個小時！非常不符合人類生理學。

　　外科醫生的職涯，的確是我這輩子除了青春期以外，長最多痘痘的時候。

　　那時剛認識我的先生，也是皮膚科醫師，他認為我什麼都好，但是臉上的痘痘差強人意，那時還天真地認為靠他台大的聰明才智，絕對有辦法把我治好。

　　哈！才怪。最後我的痘痘一直持續肆虐，直到轉科到皮膚科，不需要晚上值班，才漸漸不藥而癒。

05 吃進身體裡的大有學問

——飲食無法根治痘痘體質，但可以降低發炎物質！

許多病人問診時，常常向我抱怨：「我明明不吃巧克力和炸物，為什麼青春痘還是長不停！」

巧克力和油炸食品，的確是普羅大眾所認為的青春痘元凶，但你知道是為什麼嗎？你知道是巧克力裡面的什麼成分促發痘痘的嗎？你知道可能有哪些東西不能吃，但你知道「到底要吃什麼才比較不會長」嗎？

這些問題大概是我看診時最常被問到的。

我相信地球上所有人類，終其一生一定都長過青春痘，畢竟青春痘生成的原因太多，有很多原因跟體質有關；每一口食物吃下去對身體造成的影響，每個人也不盡相同；所以要研究食物與青春痘生成的關聯性真的非常困難，因為變數真的太多！

所以，我只能就目前的科學證據做出比較原則性的建議，但以下我建議的避免食物與推薦食物，也有可能在幾年

後被更新的科學實驗推翻，只能在這邊先告訴你一個大前提：牛奶、乳製品與高升糖指數（高 GI）的食物，都有可能會讓青春痘惡化！

牛奶該不該給人喝呢？

　　這個研究其實已經相當古老了，到底牛奶會不會導致青春痘惡化，我認為是因體質而異。所以為了保險起見，可以試著先停喝一段時間，看看有沒有改善。

　　研究指出，牛奶裡面含有類似胰島素的荷爾蒙──類胰島素生長因子（IGF-1），會不斷地刺激皮脂腺分泌油脂。皮脂越多，造成皮脂腺發炎的機率就越大，進而造成青春痘。另外，這種 IGF-1 還會刺激雄性激素的過度分泌，而且不分男女！過多的雄性激素也會刺激皮脂腺過度分泌油脂，導致青春痘。

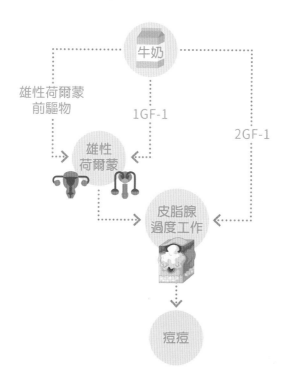

牛奶

雄性荷爾蒙
前驅物

1GF-1

2GF-1

雄性
荷爾蒙

皮脂腺
過度工作

痘痘

　　另外，一般商業製造的乳製品，經常有多餘的「雄性荷爾蒙前驅物」，進入人體內之後可以輕鬆地被轉換成雄性荷爾蒙——二氫睪酮（Dihydrotestosterone，DHT）。這些雄性荷爾蒙的前驅物，都被認為是造成粉刺的兇手。

　　你可能會想，那麼脫脂牛奶會不會好一點呢？其實並不會！脫脂牛奶不見得更好，而且還有可能會造成更多的粉刺！因為在製造脫脂牛奶的過程當中，會導致很多牛奶裡面

的荷爾蒙改變，以至於之後身體的代謝方式改變。此外，脫脂奶粉的雌激素含量也比較少，但雌激素是可以降低青春痘發生的荷爾蒙。

所以我常常說：「牛奶是給牛喝的，不是給人喝的。」這就是大自然運作的道理，乳汁是特定生物活下來的命脈，但是改讓另外一種生物攝取，可能就不適合。所以我都請病人改喝豆漿。

Q&A

Q：聽說黃豆中含有植物雌激素，雖然雌激素可以降低青春痘發生，但是會不會反而造成性早熟，或是提高乳癌風險呢？對男性來說，過多雌激素又會有什麼影響呢？

A：正常飲食所攝取的雌激素，不會過度提高身體的雌激素，導致任何的副作用，這是絕對可以放心的，畢竟我們不可能每天喝幾十公升的豆漿！反而是外來的雌激素藥物才要小心，例如私底下施打不能端出檯面的胎盤素。男性多攝取黃豆製的天然食物也不會導致女性化，無須擔心。

小心甜食背後的惡魔

我們吃進去的糖或是醣，要被人體代謝就需要胰島素。牛奶裡面的 IGF-1 會誘發青春痘，而 IGF 的中文譯名即是「類胰島素生長因子」，所以當然胰島素本尊也非常容易誘發痘痘了。

因此，選擇食物時就要選擇「低升糖指數」（低 GI）的食物，讓血糖的波動不要太大。不妨檢視一下你平常喜歡吃的食物，例如許多上班族最喜歡在下午團訂一杯手搖奶茶，或是來一塊零食或蛋糕，裡面都含有大量的糖與奶，當然不利青春痘控制嘍！

那麼甜食當中最常見的巧克力呢？其實市面上巧克力製品的成分複雜，很難認定巧克力本身是否會引發痘痘，因為它還含有很多飽和脂肪酸、牛奶和很多的糖，但「巧克力」本身則是很好的抗氧化物質。

以醫學研究來說，有的研究比較一組人吃了巧克力含量比較高的巧克力棒，另外一組人吃了不含巧克力成分的糖果棒，兩組人並沒有任何顯著差異；也有一篇皮膚醫學的權威論文提到，吃了一次巧克力之後會造成青春痘明顯惡化，但

是樣本只有十個人，所以還是很難做出絕對的結論，但是要吃巧克力還是可以買巧克力濃度高一點、含糖量低一點的黑巧克力。

至於水果，有些人可能覺得吃水果總比吃含糖食物健康多了吧？或是覺得吃些比較「不甜」的水果，應該就沒問題了吧？事實上，「甜不甜」和「升糖指數高不高」可是兩回事喔！不妨參考這些常見的水果分類，作為選擇的依據。

高 GI 值水果	中 GI 值水果	低 GI 值水果
荔枝	葡萄	奇異果
龍眼	鳳梨	葡萄柚
西瓜	木瓜	芭樂
榴槤	草莓	柳橙
	香蕉	橘子
	芒果	柿子
	桃子	櫻桃
	哈密瓜	藍莓
	西洋梨	蘋果
		草莓
		梨子
		聖女番茄

少吃油炸物可不是迷思！

　　很多老一輩看到長痘痘的人，就會馬上說「要少吃炸的」，這點是真的喔！背後有兩個原因：

　　一、油炸需要使用穩定高溫的油製品，這些油脂通常富含較多的飽和脂肪酸，也就是「脫氫異雄固酮」（dyhydroe-piandrosterone，DHEA）與睪固酮的原料，所以吸收越多，就全部都轉換成會刺激青春痘的荷爾蒙了。

　　二、油炸物通常會裹一層麵衣，這層酥脆可口的麵衣一定都是高升糖指數的精緻麵粉所製成，對肌膚造成的危害可想而知。

我知道了「哪些不能吃」，那到底「哪些可以吃」呢？

　　答案很簡單！第一就是高纖食物，例如蔬菜、水果、堅果、豆類與穀物。食物纖維比較難以吸收，所以停留在腸道的時間會比肉類或是低渣飲食久。如果飲食的纖維含量不高，身體產出的廢棄物會相對停留在體內比較久。但如果常

吃高纖飲食，腸道裡面的毒素與廢物便容易與纖維混合在一起，然後排出體外。此外，高纖食物通常都是低 GI 食物，比較不會引起胰島素的釋放！

第二則是富含 Omega-3 的油類。我們的皮脂腺會釋放出一些發炎性物質，但是魚油可以降低這些發炎性物質釋放，甚至可以減少發炎反應。雖然科學家沒有絕對的顯著證據，證明魚油對青春痘有療效，但是每餐吃點海產，或是每日一錠魚油補充品，還是會有相當的益處。

總歸來說，抗痘美肌的飲食八字箴言，就是高纖、低糖、少奶、好油。

莊醫師的美肌飲食心得

　　中國人講求食療，認為吃對食物可治百病，但是這種說法我不置可否。

　　我在門診看過許多約 20 歲出頭的年輕人，青春痘已經長了五年以上，臉上的囊腫型青春痘又大又腫又痛，是最嚴重的青春痘類型病人。即使忍住沒有擠壓，臉部皮膚還是會因為這些巨大的膿包留下難看的疤痕。這是一種不能跟它「慢慢磨」的病，因為即使延遲個半年治療，都可能會導致不可逆的痘疤後遺症。

　　但是有一群鐵齒的病人，可能是出於對藥物的排斥或恐懼，不論醫師怎麼苦口婆心，還是希望採用食療方式控制青春痘，天真地認為多吃一點蔬菜水果、多喝水、多運動就可以改善，寧願花大錢去吃得不到宣稱療效的保健食品，也不願意服用有科學佐證的藥物。

　　我只能在這裡非常鄭重地強調，嚴重的青春痘一定要看醫生，而且連外用藥物可能都沒有效果了，務必使用口服抗生素，甚至口服 A 酸才能控制得住。

　　當然，想要好的肌膚一定要控制飲食，但是光靠少吃幾粒花生、或是幾條巧克力一定是不夠的，飲食雖然不可輕視，但也不能認為只需要注意這點就好。

壓力山大，痘痘還要來攪局？

——要控制的不只是壓力，更是「強迫行為」！

D小姐是個大學生，平常只會偶爾長一、兩顆痘痘，然而她前來看診的時候，臉上長了不少的囊腫型青春痘，雖不至於「毀容」，但是以那個愛美的青春年歲來說，就足夠讓人崩潰！她抱怨：「我從來沒有長過那麼多痘痘，但是最近三個月皮膚就是很不穩定，又找不出為什麼！」

針對這種青春無敵、但是通常腦波微弱的大學生，我通常會直覺是受到網美影響，擦錯保養品導致。但D小姐信誓旦旦地說，她根本沒有在擦保養品，也沒有在化妝。再繼續抽絲剝繭下去才發現，她現在是大四快畢業的學生，為了畢業論文與設計作業，每天都要熬夜到三更半夜，同時也覺得學校名聲普通，履歷又不夠漂亮，為了未來的職涯頗為焦慮。這下子終於找出原因啦！

壓力跟痘痘有什麼淵源嗎？

類固醇扮演了人體對抗壓力的重要荷爾蒙，如果沒有這

個荷爾蒙會全身無力、血壓低下、提不起勁，整個身體無法正常運作。即使我們不是使用口服類固醇，身體還是有機會製造出大量類固醇。例如一個考試、一個報告、任何可引發慢性壓力的事件，都會導致體內釋放出比一般基線高出很多的類固醇類荷爾蒙，其中最多也最重要的就是皮質醇。

皮質醇雖然可以幫我們熬夜考試、寫報告，卻會刺激皮脂腺製造皮脂，進而誘發痘痘。有研究甚至指出，會長痘痘的皮膚上有大量的皮質醇受器，而不會長痘的正常肌膚卻沒有。白話一點來說，就是容易長痘痘的人，會因為過多的皮質醇而更容易長痘，而不容易長痘的肌膚即使產生大量的皮質醇也不會長痘。這就解釋了為何你的朋友熬夜打電動都不會長痘，偏偏你就會，因為皮脂腺先天就與其他人不同。

除了刺激大量油脂分泌，過多的類固醇也會讓皮膚發炎。我們當然知道發炎反應就是痘痘生成的原因之一。壓力大時，油脂分泌量不見得會比較多，但是會讓膿皰型的青春痘長得比較多，而男性又比女性更容易受壓力影響。

最後，心理壓力也會導致傷口癒合比較慢。一般的發炎反應如果三天結束，但是長期處在壓力下，可以把傷口修復速度拖慢到只有正常的 40%。青春痘也是傷口的一種，復原

越快速，就越不會留下疤痕或凹洞。

壓力帶來的皮膚問題不只是痘痘

你可能會問：如果讓壓力減輕，青春痘就會自然痊癒嗎？

事情沒有這麼簡單。醫生的青春痘治療方法裡，沒有任何一項是降低壓力。每位成人都有機率長青春痘，但不太可能為了治療皮膚，用極端的降低焦慮手法，給病人服用精神科的助眠藥或是抗焦慮藥物。但是我不得不承認中醫的觀點：皮膚是我們內在器官健康的表象之一，如果成年後還是長了不少青春痘，真的要開始檢視是否工作與家庭壓力太大，身體內部是否出現什麼問題。

壓力痘有兩種可能性，第一種是上述產生過多荷爾蒙導致，第二種是自己摳出來的色素沉澱痘疤。

大部分的青春痘病人大概只會偶爾擠一下膿皰，但是有另外一種病人一旦處於壓力，就會不斷摳抓他們的臉，只要長了一顆青春痘或是一顆內包型粉刺，幾乎不把整塊皮撕下來不會罷休。這些病人不是不肯收手，而是壓力大時會形成

所謂的「強迫行為」。

　　甚至還有病人會在看診的時候，當場摳一顆她認為的「粉刺」給我看，即使已經跟她說那只是臉上的一塊皮，病人還是堅信她臉上有很多粉刺需要清理。這種會摳抓自己臉龐的病人其實最難治療，因為沒有一種藥物可以讓病人停止下意識的剝皮動作。

　　我手上有好幾個這樣的病人，有許多都是長期看診的老病人，他們的臉會隨著工作壓力和家庭狀況而時好時壞，我每次幫他們打雷射時都會再三叮嚀，回家不可以再摳臉，但是病人每次回來求救時卻一次比一次慘烈。

　　其實他們摳臉已經摳到變成下意識的習慣性動作，要解決這樣的習慣性問題，需要把這個「摳」的動作成功轉換成另外一個不會傷害自己的行為，例如當手想要伸向臉的時候，趕快改成打開一罐護手霜，保護雙手皮膚；或是乾脆抹上皮膚科的藥膏，避免手對臉部又造成任何傷害。

莊醫師治療壓力痘的方法

　　我的工作壓力大、工時長，下了班之後還是有很多診所業務需要操心，加上有時候病人的狀況不如預期，我也會擔心很多天，臉上當然會長出一些青春痘。

　　我的面對方式只有一個：**不管再怎麼忙，壓力再怎麼大，一定要維持規律的生活作息！**就算在工作的當下情緒惡劣、心情緊繃，但無論是什麼時候**睡覺**、什麼時候**吃飯**、什麼時候**運動**、什麼時候**放下手機脫離工作**，都不能跟平時壓力不大的時間差太多，這樣才能讓身體不至於因為找不到平衡點，而製造出更多讓皮膚遭殃的荷爾蒙！

參考資料

Yosipovitch G, Tang M, Dawn AG, Chen M, Goh CL, Huak Y, Seng LF. Study of psychological stress, sebum production and acne vulgaris in adolescents. *Acta Derm Venereol*. 2007; 87(2):135-9.

找回純粹美肌的第二步

——顛覆你一直誤解的保養觀念

07 為什麼這罐保養品沒有用？

——標榜功效再怎麼神奇，保養品依然是保養品！

　　我最怕一種病人。

　　這種病人深信保養品可以治好青春痘，寧可花時間研究瓶瓶罐罐裡複雜的天書成分，也不願相信有治好痘痘臨床實戰經驗的醫生們。他們看診的時候會悠悠地從手提袋裡拿出一大袋保養品，一一把成分念給我聽，要我確認他們查到的那些「有效成分」可達到治療效果，他們千方百計想要掛到我的號，其實只是要我為他們所費不貲的保養品背書！

　　他們會非常仔細地問：「醫生，妳說菸鹼醯胺（niacinamide）可以控油，但是我用了這個產品之後為什麼還是沒有控油？然後妳再看這罐產品的成分，網路上說可以殺菌……」

　　面對這種病人，我通常只能無奈地搖搖頭。

連皮膚科醫師出的保養品，也無法讓你不長痘痘

你當初購買這本書的目的，有可能是想知道書裡面有沒有推薦哪些好用的保養品，可以緩解你的青春痘，甚至是擦了以後青春痘就不會再長。

親愛的！不是我要澆你冷水，因為保養品就是保養品，無法治療青春痘！

這也就是我要出這本書的最大原因，我希望有更多的痘痘病患，尤其是那些已經嚴重到留下痘疤的病人可以醒過來，不要再拖延就診的時間，趕快接受正統的皮膚科治療，盡快遏止痘痘肆虐。

我早在十年前就出了我自己的保養品牌，但我絕對不會在這些保養品文宣上標榜「專治痘痘」，而只會寫著「適合痘痘肌使用的保濕產品」。因為我深知這些瓶瓶罐罐無法把細菌消滅、減少油脂、讓雄性荷爾蒙下降，頂多就是果酸乳液有些去角質的功效罷了。

雖然保養品無法治療痘痘，但找到適合油痘肌的優質保

養品還是非常重要，因為用了適合自己的保養品會提升皮膚的色澤、質地，還有透亮度。不論是男女老少，誰不想要有好的光澤感皮膚呢？

痘痘肌保養品帶來的功效

提高皮膚含水量，保護皮膚

保養品最重要的一個功能就是保濕。保濕就好像在形塑皮膚的保護膜，避免皮膚直接暴露在空氣當中，讓角質層的水分流失。即使會長青春痘的民眾絕大部分都是油性肌膚，洗臉完約兩、三個小時就會出油，但在洗完臉這短短的幾個小時內，還是處於相對「乾燥」的狀態，所以可以擦一些含水量高但是不油膩的保濕精華產品，例如玻尿酸、輕量級的保濕乳液。

洗完臉後，許多皮膚的油脂會被洗掉，原本被油脂覆蓋著的角質層上面，少了那層保護膜就翹了起來，在擦乾之後就會覺得有點乾燥緊繃。這時塗抹一點清爽型的玻尿酸乳液，就可以讓乾燥的角質層有足夠的水分保護，直到皮膚幾個小時後開始出油為止。

輔助藥物治療

嚴重的青春痘病人最常使用口服 A 酸、外用 A 酸、過氧化苯（Benzoyl Peroxide），這些藥物都會讓皮膚脫皮、甚至泛紅。有些病人對藥物反應很大，一開始使用會引起很像皮膚過敏的反應。由於這些藥物在治療上非常重要，但病人皮膚的不適感卻是實際上要克服的問題，這時候一罐好的保濕乳液就會緩解皮膚的刺癢問題，讓病人可以持續使用這些藥物來減緩痘痘問題。有時候藥物的副作用太大，如果沒有一罐好的保養品，很有可能讓病人提早放棄治療，這就非常可惜了。

讓皮膚達到穩定，延續效果

有些產品的確可以減少過厚角質層，或是有減緩長痘過後色素沉澱的效果。這些產品包括 pH 值比較高的果酸乳液、左旋 C 或是傳明酸產品。但這些產品效果是在痘痘控制後民眾才能感覺到。

例如你現在臉上長了滿臉的囊腫型青春痘，但是卻只靠一罐果酸乳液，連一顆抗生素、口服 A 酸也不肯吞，一罐痘痘藥膏也不肯抹，那我只能跟你說，即使買了開架式濃度最

高的產品，你也會因為效果非常不好而感到無助。

　　總之，大家應該把保養品想成吃維他命，你吃一罐維他命並不會感覺到有任何治療的效果，它不能讓你的疾病消除，但是長久服用下來還是對身體有益。

莊醫師語重心長的叮嚀

　　我常常在臉書、IG 等社群媒體，看到很多不實的保養品廣告，例如擦了某某產品以後，橘皮和毛孔粗大就完全不見了。雖然明眼人一看就是修圖，或是前後根本是不同人的皮膚，但是下面卻還是很多民眾不斷地問多少錢、哪裡買。

　　我可以保證這些產品，包括我自己的產品，都不可能產生這樣的效果。就連我診所裡效果最好的雷射，即使把病人的臉打到流湯流血，也沒有辦法把毛孔擦掉，只有電腦修圖軟體可以！一個人會不會長痘痘、毛孔粗大與否是天生的，真的無法靠保養品解決。

　　絕大部分的保養品只能做到表皮的皮膚照護，不可能治療嚴重的青春痘、治療凹陷型痘疤，也絕不可能與皮膚科診所提供給病人的治療相提並論，例如各種

雷射、高濃度果酸換膚等等。但是我還是非常鼓勵病人養成良好保養習慣，每天使用適合自己的保濕產品，長期使用下來，搭配正確的治療，一定可以達到容光煥發。

08 幫你的油痘肌做好清潔與保濕

—— 避開地雷成分，選對合適質地

正確洗臉：洗掉油脂但不洗掉保護

洗臉產品千奇百怪，有洗面乳、洗面皂、洗顏粉、洗面凝露，pH 值也不一樣。有些成分天然，有些是化學合成，有些裡面甚至還有磨砂顆粒，到底要怎麼選擇？其實選擇的原則只有一個——洗臉就是要把多餘的油脂、髒東西清除，不造成過度清潔就好。

先來討論洗面皂。真正的肥皂是鹼性的長鏈脂肪酸製成，pH 值通常介於 9 到 10 之間。如果皮膚油脂分泌非常旺盛，使用一般洗臉產品覺得沒清潔乾淨，就可適時使用洗淨力較強的肥皂。有些強調抗痘成分的洗臉皂甚至會加上抗菌的三氯沙（triclosan）。這些產品呈現的型態可能是固態或液態，這類洗淨力較強的產品我會推薦出油量很大的男性使用，一般偶爾冒幾顆生理痘的女性不要用。使用這類產品要小心不要過度清潔，以免洗完臉感覺緊繃，然後又促使你想擦更多油脂在臉上。

人類的皮膚屬於弱酸性，所以比較溫和的洗臉產品會使

用小於 10% 的皂鹼，採用化學合成成分，pH 值為中性甚至弱酸性，介於 5.5 到 7.0 之間。有些不含皂鹼的產品會註明「syndet」，意思就是化學合成洗滌劑，這是一種界面活性劑，由於是非皂鹼，所以比較不會刺激皮膚，也比較不會讓肌膚乾燥。這適合所有類型的肌膚，包括油性肌膚。洗完臉後不需要感到緊繃才叫做臉洗乾淨，只要摸起來沒有一層油油的皮脂在臉上就可以了。

Q & A

Q：最近坊間流行所謂的「清水洗臉」，以及所謂的「肌戒毒」，這種方式真的對皮膚比較好嗎？適合油痘肌的痘粉嗎？

A：油痘肌不建議清水洗臉，因為洗淨力不夠。我們的皮脂腺釋放出的油脂是脂肪酸、膽固醇與角鯊烯的複合物，全部都是油脂類，不能溶於水。所以光靠清水無法洗乾淨這些物質。還是建議使用溫和但洗淨力夠的洗面乳才合適。

「肌戒毒」是另外一派皮膚科醫生推崇的治療方式，目的是為了治療因為長期塗抹刺激性保養品，或是類固醇當保養品擦的患者。可是整個過程需要不洗臉，並且塗抹橄欖油在臉上。我自己從沒有這樣治療過病人，但是如果是因為要治療保養品、藥物導致的皮膚敏感，當然

對痘痘有幫助的洗臉成分

洗臉產品裡面還可以添加很多成分，標榜讓痘痘好得更快，常見的成分如下：

Benzoyl peroxide 過氧化苯

Salicylic acid 水楊酸

Sulfur 硫

Hydroxy acid 果酸

這些成分當然對痘痘都有幫助，但是加在洗面乳裡面有沒有實質幫助就見人見智，但我認為幫助並不大，因為我們洗臉至多洗個兩分鐘，這些成分要達到效果，需要停留在皮

膚上一段時間。我們並不會把洗臉產品當成保養品敷在臉上過夜，所以這些有效成分當然會打折。

另外有些洗面乳會添加磨砂顆粒，會讓你感覺可以把毛孔裡面的髒東西都清出來，然而這邊一定要強調：大部分的磨砂膏對痘痘肌是不好的，因為臉上的痘痘都是傷口，如果你不會用磨砂紙來磨你的皮膚，為何會想要使用含有磨砂顆粒的產品呢？除此之外，這些磨砂顆粒對環境也是一大負擔，所以一定要停止使用。

正確保濕：降低治療過程的刺激感

保濕產品的目的是讓皮膚摸起來滑順，降低青春痘治療的刺激感，而最重要的就是不要使用含有大量礦物油或植物油的產品，即使是號稱純天然的精油也不行。

另外這邊要特別提到一個成分——dimethicone，這是一種矽的衍生物，也就是經常被汙名化的「矽靈」。它常被誤認為會堵塞毛孔、導致痘痘，其實矽這個化學物質不會引起化學活性反應，也是一種相當優秀的潤膚劑（emollient）。它可以鑲嵌在乾燥但是尚未脫落的老廢角質中間，擦上去之

後頓時可以讓皮膚滑順。添加矽靈的基底，即使不添加礦物油或植物油，摸起來還是會相當滑嫩。

如果你對矽靈產品還是有顧忌，可以選擇質地清爽的保濕乳液，例如產品擦完一段時間，被皮膚吸收過後，看起來不會油油亮亮的配方。這種選擇就很多了，大部分的玻尿酸精華液就屬於這類配方。

另外還值得一提的是含有維生素 A（retinol）的產品，此類成分對油痘肌也有益處，但是由於大多數的維生素 A 都是用於抗老功能的保養品，很多時候會搭配不適合痘痘肌的油脂一起出現，在使用前應該要小心選擇。維生素 A 擦在皮膚後上，會轉變成可以治療痘痘的 A 酸（tretinoin），又兼具抗老化的效果，是很好又可長期使用的成分。

當心！這些成分很可能致痘！

痘粉一定很希望我提供一個表，上面列出所有「不能擦」的成分，這樣就保證不會長痘痘了。但是哪有那麼簡單？人類的膚質有千百種，每個人對不同的化學物品都可能產生不同的反應。

以下是我從痘痘教科書《Pathogenesis and Treatment of Acne and Rosacea》[1] 中擷取下來「有可能」致痘的成分，痘粉可以對照自己常用的保養品，看看有沒有中標。這些成分很大一部分都是油脂，例如花生油、橄欖油、紅花油、芝麻油、玉米油、硬脂酸、XX 油酸⋯⋯之類的。

可能致痘成分表
Butyl stearate
Cocoa butter
Corn oil
D&C red dyes
Decyl oleate
Isopropyl isostearate
Isopropyl myristate
Isostearyl neopentanoate
Isopropyl palmitate
Isocetyl stearate
Lanoline, acetylate
Linseed oil
Laureth-4
Methyl oleate
Mineral oil
Myristyl ether propionate

1
Christos C. Zouboulis, Andreas D. Katsambas, Albert M. Kligman, *Pathogenesis and Treatment of Acne and Rosacea*, Springer, 2014.

Myristyl lactate
Myristyl myristate
Oleic acid
Oleyl alcohol
Olive oil
Octyl palmitate
Octyl stearate
Peanut oil
Petrolatum
Propylene glycol stearate
Safflower oil
Sesame oil
Sodium lauryl sulfate
Stearic acid

　　我相信你現在已經拿出常用的保養品來開始對照，也可能已經發現自己中標了。但是大可放心的是，並不是所有人使用了這些成分之後都會致痘，這些成分是保養品常見的成分，而且就算完全避免這些成分，也不表示那罐產品就不致痘。說到這裡你一定會很生氣地說：「那不就是我一定要試試看才會知道？」是的！保養品就是要試到合適自己膚質為止，如果使用後兩、三個禮拜沒有讓你長更多的痘痘，膚質穩定，這罐產品就對你有幫助，也就不需要換來換去，以免不小心換到一罐不適合的，瞬間摧毀了過去保養的心血。

09 元凶可能不是保養品

—— 任何接觸到臉部的東西都可能致痘！

還有一種我很怕的病人，就是一直往臉上擦精油。

我曾經提醒一位病人，不能擦太滋潤的產品在臉上，畢竟她現在膿皰和內包粉刺已經都佈滿全臉，但她卻相當不服氣地說：「但我擦的這罐是植物萃取的純精油，標榜天然有機，花了我快要一萬塊耶！」

聽到這種回應，我只能覺得心好累啊！

現在這個年代，我們可以常常在網路上看到網美或YouTuber 分享非常吸引人的產品，甚至各有他們的一套抗痘武林祕笈，腦波弱的人便會幻想自己擦了以後也有同樣的效果，然而其中很多訊息都是錯誤的，不但不會讓痘痘減緩，反而有毀容的可能！

元凶一號：把毛孔塞住的油脂

接觸到臉部的產品如果含有油脂，如蠟、綿羊油、橄欖油、摩洛哥堅果油等各式號稱天然的油類，尤其是那種質地很油膩，甚至整罐根本就是「油」的液體，千萬不要使用在會長痘痘的肌膚上！甚至連某些一般膚質，平常不會長痘痘的人，擦了這類產品而堵塞毛孔，下場就是莫名其妙地長出痘痘來。

即使不是精油類的液體，厚重的乳霜也一樣不行。有些長輩為了追求滋潤肌膚，使用一些知名品牌的乳霜，但那對於正苦於痘痘粉刺的人來說，卻很有可能使之惡化。摸起來越清爽的保養品越不會致痘，越油、越厚實則越容易。

元凶二號：太過「營養」的保養程序

太過相信所謂的「保養流程」

許多痘痘病人太過堅信保養品業者提出的保養程序，從卸妝乳、洗面乳、化妝水、精華液、眼霜、果酸乳液、精華油、最後到面膜，搞到每晚保養都花了非常多時間。除了這麼多的保養程序以外，也有人認為皮膚出油就是保濕產品擦得不

夠，以為出油量高是因為皮膚太缺水，保養過程中總是「下手很重」，把保濕乳液厚敷一層塗在臉上，結果不到一個禮拜，臉上就冒出了許多膿皰、養出了很多蠕形蟎蟲，還附加很多閉鎖性粉刺！

太過關心自己的臉蛋

還有許多痘痘病人，太過於呵護自己的臉，臉上的每個問題都想透過塗抹保養品來解決，想要美白、縮小毛孔、淡斑、減少眼周細紋，然後當然還要治療青春痘。這些病人為了每個問題各買一罐產品，結果導致粉刺滿臉，甚至擦出嚴重的敏感性肌膚。

我們的皮膚是一個很大的免疫器官，任何接觸到皮膚的產品都有可能會產生免疫反應。如果每天擦一罐產品，裡面有四十幾種化學物質，如果今天擦了五罐產品，可能就接觸到兩百多種化學成分，每天都在臉上做化學實驗，怎麼可能不會敏感呢？

元凶三號：太過完整的保養流程

飄逸的長髮當然非常迷人，但如果伴隨分岔的髮尾或是

過度染燙的毛燥髮根，那可就不好看了。所以有人會抹上摩洛哥堅果油來處理毛燥，這原本只是很好的抗氧化食品，卻在以訛傳訛之下變成護髮神油，許多人抹完之後，不經意之間接觸到臉部，變相讓油品堵塞了肌膚。

　　如果知道自己是油痘肌，就盡量不要使用護髮產品、潤絲精，因為洗頭、洗澡時通常很難絕對沖得乾淨，殘留在臉上，容易導致耳前、髮際線的粉刺；而且在沖洗的過程中，這些物質隨著洗澡水流過背部，就會長出青春痘了。

　　那麼你可能會問，那如果頭髮就是很毛燥、很難看該怎麼辦呢？其實，正常的頭髮如果定期修剪，不過度染燙，其實不會有分岔或是毛燥的情形產生。護髮產品並不會讓受損的頭髮活過來，因為頭髮已經是死掉的角質細胞，不會因為塗了一層保養品在上面就產生任何作用。很多產品只是因為含矽的成分，讓頭髮摸起來比較滑順而已，如果只是為了這樣的觸感，讓自己長了很多痘痘，豈不是很不值得？

　　此外，我通常推薦病人不要買洗潤合一的產品，挑選洗髮精時也盡量挑選看起來是透明狀而非乳狀的產品，理由是透明狀的產品含有堵塞毛孔的成分會少很多。我特別喜歡落健洗髮精，這是我從小到大洗過的洗髮精裡，去油力最強的

產品，但是洗完頭髮後頭髮會比較乾。如果痘粉因為我的推薦而換了落健，也千萬不要再去用潤絲精喔！如果你的頭髮不至於油到需要每天洗頭，那就不需要選擇落健了。

元凶四號：含氟牙膏也有事？

有一些醫學文獻討論過痘痘與氟的關係。最早是在七〇年代有一位皮膚科醫師觀察到這個關係，之後就陸陸續續有些文章討論「氟」或其他「鹵素」可能導致痘痘樣的膿皰。

所以，如果你該控制青春痘的事情都做了，看了醫生、吃了藥、擦了藥、不亂擦保養品，但是可能會長些嘴巴周圍的小痘痘，那不妨換種不含氟的牙膏試試看。台灣的自來水不加氟，只有在游泳池裡面會加，所以游泳可能會引起痘痘。但是游泳是一個好運動，只要泡在水裡的時間不超過三十分鐘，就比較不會引起皮膚發炎。

10 我的皮膚外油內乾？

——油性肌膚會覺得「乾」的真相大公開

「我去做臉的美容師跟我說我是外油內乾，所以要我多做一點保濕，他推薦我擦這罐產品……」

跟我說過這類話的病人超級無敵多。從這些人口中描述的推薦產品，不外乎是一些油膩膩的精油、乳霜之類，有極高可能堵塞毛孔的產品。

「我看你明明就是油性皮膚呀，怎麼會去擦這些厚重的東西呢？」我問。

「可是，我洗完臉的確會覺得繃繃、乾乾的，很不舒服，所以才想說要擦點油脂在臉上。」

這些，全部都是錯誤的觀念！

我真的是油性肌膚嗎？

☐ 皮膚看起來油油亮亮，而且皮膚比較厚。

☐ 毛孔粗大，尤其是鼻頭、額頭、下巴。

□ 容易長痘痘與粉刺。

□ 洗完臉後不到兩個小時，就會感覺到臉上有油脂分泌。

□ 早上起床後臉部油光滿面。

□ 上了彩妝後幾個小時後會「浮粉」，尤其在額頭與鼻頭。

　　這種膚質是天生的，遺傳是無法改變的。當一塊皮膚是油性肌膚的同時，便無法是乾性的肌膚，因為乾性肌膚的定義就是皮膚油脂分泌量低，沒有人可以同時是油性與乾性肌膚，所以外油內乾這個說法根本不存在，也容易誤導大家去擦不適合自己的保養品。

為什麼油性肌膚會覺得乾？

　　「乾」其實只是一種「感覺」，造成這種感覺有三種可能的情況：

　　1. 摸起來沒有水分、沒有油脂，不夠滑順，所以感覺到乾乾的。

　　2. 整個臉感覺繃繃的、癢癢的，所以認為皮膚是乾的。

　　3. 看到皮膚有些脫屑或乾裂，所以覺得乾燥。

這三個感覺常常同時發生。

然而，這些乾燥的感覺並不代表你就是乾性膚質，而是要看你整體的膚況，才能斷定你是哪種膚質，保養也需要依照你真正的膚質去保養，才不會出錯。如果你符合油性肌膚的定義，那你就是油性肌膚，不是外油內乾。這些被稱為「外油內乾」的膚況，其實是因為下列問題導致：

使用過度清潔的洗面乳

一罐適合你的洗面乳應該要洗完不緊繃，能適度移除臉上過多的油脂但不過量。你一定要找到一罐這樣的產品。如果你現在的洗面乳洗淨力太強，洗完臉後因為油脂太少，把臉擦乾後當然會感到臉部緊繃與乾燥。

角質過度乾燥

臉會感覺到乾燥其實不是「皮膚」乾燥，而是「角質」乾燥而已。角質層只有幾層細胞厚，只要有薄薄一層從皮膚分裂，它們就會脫水、乾燥，導致皮膚摸起來粗糙。所以洗臉完之後，要立刻擦上清爽的保濕乳液，讓角質層能夠維持水分。

天氣導致的輕微過敏、發炎反應

　　皮膚是一個很大的免疫器官，每天曝曬在陽光與髒空氣中，即使是百毒不侵的油性肌膚，也是偶爾會遇到皮膚過敏的時候，例如冬天或打完雷射後都很常見。唯有這個時候，油性肌膚才可以多擦那麼一點點（真的只有一點點）修復乳霜、神經醯胺類的產品，在你覺得乾癢的地方。再次強調，只有在這個狀況下，你才可以使用原本不能使用的產品在臉上。

使用過多的「有效」成分

　　A 醇、左旋 C、果酸，還有所有的痘痘藥，都是對痘痘肌有正向保養的成分，但是過量與過度使用，就會導致脫屑、泛紅等皮膚炎症狀。如果你正好是在使用這些產品的油性肌膚，遇到皮膚炎要做的第一件事，就是減少使用次數與用量，而不是擦上厚厚的油脂掩蓋過去。

去角質過度或不足

　　痘痘肌需要去角質，但是過度去角質會讓原本保護皮膚的角質層去掉了一層，所以原本不會感覺受到威脅的皮膚細小神經，當然就備感威脅地不斷放電，讓我們感覺到皮膚癢

癢刺刺的。而去角質不足，會讓皮膚最表層應該要脫落的角質層保水度大大降低，也會產生緊繃感。要區分角質到底去得夠不夠，就是看皮膚的狀況，過量的去角質會造成皮膚紅癢，去角質不足則會使皮膚看起來暗沉乾燥。

蠕形蟎蟲

蠕形蟎蟲這些皮膚寄生蟲，會因為皮膚過油的關係，在臉上大量孳生，讓油性肌膚的病人看起來紅、癢又脫屑。我會在第 18 章裡面仔細說明。

重新定義「外油內乾」

如果你的出油量很大，洗完臉後半小時到兩小時就會出油，但是臉摸起來就是很粗糙，感覺「乾乾」的，問題可能在於角質層的保水度不好，皮膚上面的油脂被洗掉之後，角質層頓時缺水所致。你該做的是在洗臉後、擦乾臉後，趁著臉還有一點濕氣，立刻擦上一些水狀的保濕產品，例如玻尿酸、聚麩胺酸（PGA）或是 B5。

如果你從來沒有使用過果酸乳液或是 A 酸等去角質的藥

物，你的皮膚角質應該就是厚的。過厚的角質直接暴露在空氣中，那一層當然會感覺到乾燥，原本應該要脫落的廢棄物一直附著在下面保水足夠的健康角質上，當然會脫屑。這時你需要使用果酸、杏仁酸與 A 酸產品來幫忙。這類藥品、保養品請先局部使用，讓皮膚建立起耐受度，再大面積使用。

你如果已經定期在使用 A 酸、A 醇、果酸等產品，你的皮膚可能正在脫皮，當然會覺得乾乾癢癢的。但是如果你的目的是要治療青春痘，這些產品只要不導致皮膚炎（紅癢等症狀），我還是建議持續使用，另外在洗臉以後加上一罐清爽的保濕乳液即可。

11 整張臉都用同一罐保養品？

——混合肌該學的五區塊保養法

　　首先來了解乾性肌膚、中性肌膚（正常性肌膚）、油性肌膚的定義。這個簡易的分類是以肌膚的出油量而定。皮膚的出油會在表皮包裹一層保護層，降低皮膚的「經皮水分散失量」（trans-epidermal water loss）。前兩種膚質的定義如下，油性肌膚的定義請參考上一章。

我算是乾性肌膚嗎？

☐ 臉部出油量低，到了傍晚還是不出油
☐ 臉部常常脫屑、泛紅、敏感
☐ 皮膚很薄、血管明顯
☐ 臉上有斑點
☐ 臉上毛孔不明顯（老化性毛孔不算）
☐ 不常長青春痘

我算是中性肌膚（正常肌膚）嗎？

☐ 出油量介於油性肌膚與乾性肌膚之間
☐ 臉部不常出問題
☐ 不會泛紅、不敏感
☐ 通常沒有青春痘的困擾，但可能偶爾有生理痘

混合肌膚該做的「五區塊保養法」

　　雖然如此，但生物體何其複雜，怎麼可能只細分成三類？好比你可能是乾性肌膚，但是可能是「偏中性」的乾性肌膚，所以你的保養品選擇當然與極度乾燥的肌膚不一樣。也可能你是油性肌膚，但是偏偏兩頰的出油量就是沒有那麼大，保養品的選擇當然也與臉油到可以煎蛋的那種肌膚不同。

　　所以，你現在可以好好觀察你的臉，把整張臉分成五個區塊：額頭眉心、鼻子下巴、兩頰、耳前、眼周，分別觀察出油量、脫屑、泛紅／血絲、細紋、痘痘發生率，來進行分區保養。

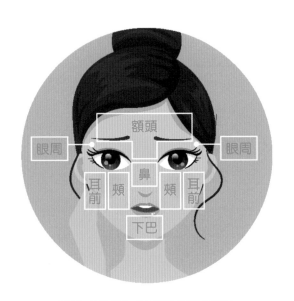

額頭

眼周　　眼周

耳前　頰　鼻　頰　耳前

下巴

製作自己的分區皮膚記錄表

	出油	脫屑	泛紅／血絲	細紋	痘痘
額頭／眉心					
鼻子／下巴					
兩頰					
耳前					
眼周					

　　假設你的額頭、鼻子、下巴、兩頰都是出油量高、毛孔粗大、沒有泛紅也沒有血絲、也沒有細紋，這些區塊應該要

依照油性肌膚的保養方式，在那些區塊擦上對應的保養品與藥物。但是眼周已經出現了一些小細紋，不常出油也不會長痘痘，你可以在眼周擦上一些比較滋潤的乳霜保養肌膚。耳前與額頭不太一樣，雖然偶爾會長青春痘，但是出油量並沒有那麼高，冬天偶爾還是乾乾癢癢的，就建議擦上中性肌膚適合的滋潤產品。

所以，一罐產品不應該整臉使用，而是將不同的產品，使用在對應的膚質上面，但我卻發現很多人都是用一罐產品擦全臉。我們舉幾個混合肌的案例來看看。

額頭鼻頭出油、臉頰中性的保養案例

A女月經來之前下巴會冒出幾顆大的生理痘，只有額頭與鼻頭會出比較多的油脂，兩頰平常不過敏、毛孔也不粗大、但也不乾燥，這樣的肌膚要怎麼保養？

這種人就是得天獨厚的膚質，除了不適合使用很油膩的乳霜，質地清爽或是保濕度強一點的乳液都適合。既然額頭比較會出油，就獨立出來保養，不要擦兩頰專用的乳液，只擦玻尿酸或是果酸就可以。最後當然不要忘了痘痘藥，月經前一週就要每天勤勞地塗在下巴上。

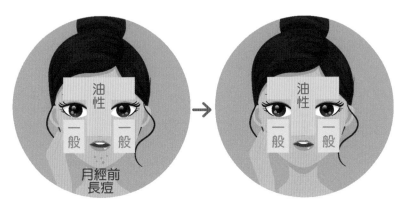

油性保養

- 保濕、清爽、無油
- 果酸、杏仁酸
- 一瓶,最多二瓶

一般保養

- 可依油脂分泌量選擇保濕
- 夏天無油、少油
- 冬天多一點油脂

中性肌膚,偶爾偏油／偏乾的保養案例

假設 Z 男平常的出油量不像是油性肌膚那麼嚴重,但就是硬生生比中性肌膚多一點,會不定時長一些青春痘。但是冬天的時候,他的肌膚就會變成偏乾性,甚至還會脫皮。這樣的肌膚該怎麼保養?

廣義的分區保養概念，也可以延伸到因天氣而改變的膚況，保養方式也應調整。Z 男夏天會長痘痘，出油量也大一點，就該從簡使用清爽的保濕產品，並且控制痘痘。但是冬天一到就變成乾性肌膚，保養方式就得變成乾性肌膚的保養方式。痘痘藥物一般都會讓皮膚變得乾燥些，所以冬天如果沒有長痘痘，就不需要擦痘痘藥了。

夏天 ↗

冬天 ↘

中性偏油
會不定期長痘

出油量較大

· 果酸乳液
· 非常清爽的水狀乳液
· 抗痘、清潔

可能乾到脫屑

· 脫屑嚴重→就醫
· 乾燥→擦含脂量大的霜
（只在乾燥處）

　　肌膚會因為膚況、天氣、生理狀況而改變，所以你的保養方式也要有所因應，千萬不要為了省錢或省事，用一罐產品就想打發整張臉！

12 果酸是痘痘肌的好朋友

──別怕酸類！化學性去角質讓皮膚更健康

你是超級油性肌，一洗完臉不到半小時臉就會出油嗎？

你動不動就長幾顆青春痘，沒有嚴重到要吃藥，但還是很希望能在長出來之前預先避免？

你是青春期的少男少女，沒有太多經費購買瓶瓶罐罐，但臉上又會出現惱人的粉刺與青春痘問題？

或者你是三、四十歲的熟齡肌膚，臉部暗沉無光，用過許多保養品都徒勞無功？

如果你符合以上情況，或許你需要的是一罐酸類產品。

化學性去角質沒你想的可怕！

青春痘的四大成因之一就是角質代謝異常。原本皮脂腺要排出去的油脂，因為角質代謝不正常或過度緩慢，堆積在毛孔周圍，就變成粉刺、膿皰、青春痘。

去角質產品可以分成物理性與化學性。物理性的去角質像是磨砂膏、洗臉棉，這類的物理性產品我非常不推薦病人使用，因為大部分磨砂膏的顆粒很粗糙，對嬌嫩的肌膚實在是太過於殘暴，就像拿磨砂紙磨自己的臉一樣！長滿青春痘的肌膚等於到處都是傷口，再拿磨砂膏去搓揉，實在是在傷口上灑鹽，會讓傷口癒合得更慢，還有一不小心就會讓細菌蔓延。另外，這些磨砂微粒對環境造成的傷害很大，相當不環保。

　　另外一種類型就是化學性的去角質。請不要聽到「化學」兩個字就聞風喪膽，認為不天然、不健康，但所有的保養品都是化學成分組成的啊！化學性去角質的另外一個名字是「酸」，例如果酸、杏仁酸、水楊酸、葡萄酸，未來也還會研發出很多種類。最有名的酸類產品就屬果酸與水楊酸兩種，他們分別是 alpha hydroxy acid（AHA）與 beta hydroxy acid（BHA）的代表。

　　酸類產品的意思就是 pH 值比正常膚質低的產品。衛生福利部規定可以當作藥妝品販賣的酸類產品需要高於 pH 3.5，而一般醫療院所需要專業人士操作的酸類換膚則是 pH 3.5 以下。pH 值差 1 其實就是差了 10 倍，所以 pH 3.5 以上算是相當安全，長期使用也可以達到一些預防青春痘的效

果。本章推薦使用的酸類產品僅限於一般民眾可以買到的果酸保養品，非醫療院所使用的專業級果酸。

接下來我都會用「果酸」來通稱所有酸類產品。這些產品通常會添加在精華液、化妝水、凝膠或乳液裡面，也有可能添加在洗臉產品與沐浴乳裡面。但酸類產品要產生作用，一定要停留在皮膚上夠久的時間，因為一般開架式產品 pH 值太高，如果停留時間像洗臉那樣只有一、兩分鐘，肯定發揮不了太高的作用。

正確使用果酸產品保養

果酸之所以惡名昭彰，是因為不會使用的民眾過度濫用導致副作用產生，結果一個明明會幫助人的產品，卻被貼上容易引起敏感、灼傷、反黑等負面的標籤，真的很可惜。想使用果酸之前，你必須知道你的膚質為何：

油性肌膚：你可以每天使用，甚至早晚都可以使用。

混合肌膚：T 字部位非常油膩，但是臉頰乾燥、平時還需要補充保濕乳液，那就把果酸乳液擦在 T 字部位就好了。

兩頰若想要去一點角質，一週使用二到三次就好，但如果兩頰使用完之後有嚴重的泛紅與刺癢，則需要再降低使用次數。

乾性肌膚：果酸一週使用一到兩次就好，避開眼周與鼻翼。如果遇到皮膚正好因為保濕度不足產生脫屑，請勿在當下使用。

鼻翼、眼周與唇周圍是臉部比較敏感的地方，使用時請盡量避開。另外，如果使用了幾天後發現顴骨會刺癢、泛紅，就停止使用幾天。只要了解你的皮膚，就可以大膽地使用這類產品。切記只要慢慢增加皮膚對果酸的耐受性，即使是敏感性膚質也是可以使用的。

怎樣增加皮膚對果酸的耐受性？

一開始先少量、局部開始使用，一週不要使用超過三次，接著慢慢逐步增加使用次數。如果是油性肌膚，可以增加到全臉使用、早晚使用。

另外要注意的是，酸類產品可以幫助痘痘肌膚，但是它

還是無法根除或是治療青春痘，只是病人可以使用這類產品「輔助」青春痘治療罷了。

莊醫師自己的青春痘保養祕訣

我每天晚上洗完臉後，如果正逢生理期前一兩週，我會開始天天擦果酸乳液。月經一開始其實皮膚就會變好，我就會停止使用果酸乳液，這樣就不會造成皮膚過度去角質的問題，也可稍微緩解生理期前青春痘長不停的情形。

我使用的產品也相當簡單，如果有使用果酸的時候，我就只使用這一罐產品。是的，我只用一罐產品，因為我想要果酸達到最大的效果，每天晚上的保養程序也無敵簡單：洗臉→擦乾→果酸→早睡，就能在很大程度上降低冒痘的機會。

PART 3

把健康皮膚找回來的第三步——別對藥物敬而遠之

13　不用看醫生也能買到的痘痘藥？

── OTC 藥品如何正確使用

　　如果你的痘痘不太嚴重，每次去看皮膚科醫生的經驗總是不太好，為了兩顆痘痘要排兩小時候診，醫生也只能給你五分鐘問診，時間成本完全不划算，你可能會想：「到底有什麼東西可以買來救急一下？」

　　這裡我想介紹的是，不需要看醫生就可以買到的開架式青春痘「藥物」，這是實實在在的藥物，可以宣稱療效的藥物，而非那種「抗痘」效果模模稜兩可，需要誘導消費者幻想療效的保養品。

　　藥品與保養品最大的不同，就是藥品是真正具有療效的，背後的靠山是龐大正規的醫學研究、衛生福利部頒發的藥品證書，病患使用起來會較有信心，因為它的效果與副作用都非常清楚，不會一不小心就落入商人的圈套，買了自己不該擦的保養品。此外，除了原廠新藥外，這類普通開架式的藥品都比保養品來得便宜很多，也很有治療效果，何樂而不為？

讓非處方用藥助你一臂之力

維基百科對於非處方用藥（Over-the counter medication，OTC）的定義是：「……這些藥品臨床應用時間較長、藥效確定、藥物不良反應較少，患者不需過多的專業知識，僅憑藥品說明和標籤就可安全使用。」止痛藥的非處方用藥，如阿斯匹靈就很常見。青春痘是每個人都會長的東西，市場上一定有成藥，並且我會建議每個人手上都備有一條。

青春痘的非處方用藥通常用以下的五大類呈現：
- 洗滌劑
- 可停留在臉上的產品，如凝膠、乳液、乳霜
- 物理性產品，如磨砂膏、妙鼻貼
- 精油類
- 維他命

但這篇我不想討論不同的類別，因為產品種類可以無限延伸，全憑研發人員的想像力，但內容物通常換湯不換藥。所以我想聚焦在兩個添加在洗滌劑與可停留在臉上的產品中，最常見的成分——過氧化苯與水楊酸。

細菌殺手「過氧化苯」（Benzoyl Peroxide）

　　過氧化苯是歷史非常悠久的藥物，一九三〇年代開始就為人所用。為何八十多年後，當代皮膚科醫師還是一定會開這種藥給病人？就是因為它依然是治療青春痘的「黃金標準」。它不但可以降低細菌量，也可以延遲因長期使用所導致的抗藥性發生。這種藥可以殺死細菌，但是為「非抗生素」的殺菌藥，透過氧化方式讓細菌破裂。它當然也有溶解角質的效果，但是跟外用 A 酸比起來，效果比較弱。

　　如果你今天只是偶爾長幾顆發炎型的小膿皰，只要 5％的過氧化苯就很足夠了。開架式的產品有好幾種濃度，從2.5％、5％到 10％甚至連 20％都有，但我沒有在台灣看過10％的過氧化苯，或許發生副作用的機率太高，所以不被消費者喜愛。這個成分很特別，並不會因為使用的濃度高低而影響效果，即使你使用低濃度的 2.5％，如果你對這個藥物有反應，再把濃度拉高，效果上也只會差一點點，但反而會增加使用上的不適感。

　　過氧化苯的製造廠商有歐美製造商，也有台廠；呈現的方式則包括乳液、凝膠、洗臉劑、洗髮乳等劑型。我試過塗抹一些含藥的乳液劑型在臉上，的確有效，但是我喜歡歐

美廠多一點，純粹是因為配方的劑型擦上去當下比較舒服。含藥的洗滌劑我認為效果都不大，因為停留在臉上的時間過短，無法發揮藥效。

注意事項 ⚠

- 紅、脫屑、刺辣感，都是常見的刺激副作用。
- 濃度越高越刺激。
- 千萬不要貪心，一開始就買最高濃度的藥品，可能會導致皮膚灼傷，然後留下色素沉澱。

使用方式 ☞

　　由於刺激是常見的副作用，請慢慢地增加使用量，並搭配一罐清爽的保濕乳液，減緩藥物副作用。如果你從未接觸過這個藥物，一開始可以先單點在大顆痘痘上，並且用少少的量，不要整坨抹上去，並且在塗抹上去後，馬上使用清爽的乳液，預防刺激的副作用。隔一、兩天之後，可以逐步增加使用的量與塗抹面積。

Q&A

Q：台灣可以買得到哪些常見的過氧化苯藥品？

A：倍克痘凝膠 Benzac AC 5%、10%（高德美藥廠）

歐可喜 OXY5、OXY10（曼秀雷敦）

雅若凝膠 Aczo（杏輝）

角質剋星「水楊酸」（Salicylic Acid）

這是一個常見的治療痘痘成分，與過氧化苯最大的不同點是，它對角質剝落的效果比較好。水楊酸可以造成角質與角質間黏性下降，減少粉刺與微小粉刺。青春痘其中一個問題就是角質剝落異常，適當地利用這種化學性去角質相當適合。白話點來說就是——長大痘痘請擦過氧化苯；如是小粉刺、皮膚摸起來粗糙，則應該使用水楊酸。

水楊酸雖為非處方用藥成分，但台灣的衛生福利部不允許開架式產品的水楊酸濃度超過 2%。市面上可以看到 0.5% 至 2.0% 之間的濃度。這產品也具有刺激性，使用不當也可能引起皮膚灼傷。建議也是從低濃度開始嘗試，等待皮膚適應再增加到較高濃度。使用低濃度的水楊酸大概要在一個月

後才會開始看到效果，要耐心等待。

　　一般診所裡所進行的水楊酸換膚是使用 10% 到 30%的高濃度，並不適合病人在家進行。另外醫療院所使用的換膚液配方與 pH 值，與開架式含藥化妝品完全不同，所以功效不能相提並論。病人也不應該自行進行任何高濃度的酸類換膚，以免灼傷皮膚。

Q & A

Q：水楊酸與果酸之間效果有差別嗎？

A：我的答案是因人而異，效果很難說。有些研究確實比較過這兩者，最後答案可能是不分軒輊，有時水楊酸勝出，有時果酸勝出。但這些都是保養品，pH 值、載體、濃度都會影響效果，所以很難就這兩個成分做出客觀的比較，但可以保證的是兩者都是協助治療痘痘的好物質，你都可以試試，試一陣子之後才會知道你比較適合哪一個。

Q：台灣可以買得到哪些常見的水楊酸藥品？

A：Acnes 抗痘筆 1.5%（曼秀雷敦）

Nexcare 抗痘凝露（3M）

水楊酸植萃奇蹟潔膚凝膠（VICHY 薇姿）

2%水楊酸凝膠（寶拉珍選）

參考資料

1. Nacht S, Yeung D, Beasley JN, Jr, Anjo MD, Maibach HI. Benzoyl peroxide: percutaneous penetration and metabolic disposition. *J Am Acad Dermatol*. 1981;4(1):31–7

2. Cosmetic Ingredient Review Expert Panel. Safety assessment of Salicylic Acid, Butyloctyl Salicylate, Calcium Salicylate, C12-15 Alkyl Salicylate, Capryloyl Salicylic Acid, Hexyldodecyl Salicylate, Isocetyl Salicylate, Isodecyl Salicylate, Magnesium Salicylate, MEA-Salicylate, Ethylhexyl Salicylate, Potassium Salicylate, Methyl Salicylate, Myristyl Salicylate, Sodium Salicylate, TEA-Salicylate, and Tridecyl Salicylate. *Int J Toxicol*. 2003;22(Suppl 3):1–108.

什麼狀況絕對需要看醫生？

──及早治療才能讓臉上不留痕跡

17歲的J弟弟走進診間時眼裡含著淚水，低著頭完全不敢跟我有任何眼神接觸。一看到他的臉，我頓時明白他心中的自卑與焦慮。

他才高中，但是臉上的嚴重囊腫型青春痘從國二就開始肆虐。過去兩年他活在地獄裡面，因為他起床看到的臉，找不到任何一塊正常的肌膚。臉上摸起來，永遠都是又紅又腫又痛。他看過一些醫生，也找美容院清過粉刺，但就是不見好轉，今天J弟弟特別與媽媽開了兩個小時的車，從台中上來看我。

「媽媽，你們之前做了什麼治療？」

「我們有擦過藥，但是效果很差。我們也有吃過藥，但吃的時候好像好一點，也沒有完全好，藥一停整個都長回來了。美容院清粉刺也是偶爾會去一下，但是太痛了，孩子受不了。我們真的很無助，不知道該怎麼辦……」

媽媽邊說，J弟弟邊流淚，我只能默默遞上衛生紙。

這類的故事我看過太多，聽過太多。

我之所以會開始在 YouTube 進行衛教，就是因為想提早幫助這些病人，因為嚴重痘痘會導致嚴重痘疤。嚴重痘疤的治療非常困難，病人從經濟上到社交上都會受到很大的折磨，疤痕也不可能完全復原，所以最好的治療就是預防痘疤的發生。

太多的病人對青春痘有太多的誤解，很多長輩會認為青春期長點青春痘是正常的，不需要大驚小怪，這個時期過了就會慢慢好。這種說法一半對、一半不對：如果青春痘不算嚴重，偶爾在鼻頭、下巴冒個幾處，的確不需要積極的醫療介入；但是如果青春痘是大片大片長，這次消了五顆，下次又長十顆石頭瘡，絕對立馬要皮膚科醫師介入！我希望導正的觀念是：不要覺得擦擦網路推薦的保養品、找評價很高的美容師做臉就能解決，嚴重的青春痘千萬不要延遲就診時間，不然後果就是一輩子的嚴重痘疤！

如何定義「嚴重」的青春痘？

- 一般青春痘都是以丘疹、膿皰、粉刺的形式呈現，但是嚴

重的青春痘發炎位置在皮膚比較深層處，會形成特別大顆的腫塊、硬塊，有時候摸到會痛。

・青春痘侵犯的位置佈滿全臉，不是只有局部一、兩顆。

・發炎結束後會遺留下大片的紅色痘疤，長達半年也無法褪去。

・臉上已經開始出現凹陷型疤痕，或下頷處有凸疤。

・試過很多開架式含藥保養品、非處方用藥都無效。

一定要治療的嚴重痘痘

如果以上幾點通通符合了，請不要浪費時間！再說一次，不要浪費時間在不必要的非處方用藥，也不要浪費時間去醫美診所做杏仁酸換膚，也不要浪費時間打淨膚雷射，以上方式都只適合一般長痘痘的人，這些治療都太慢了。對於嚴重型青春痘來說，搶救的「時間」非常重要，因為東試一個果酸換膚沒用，等了兩個月；再西試一種雷射沒用，又等了三個月，一共過了五個月，臉上不知又要因此留下多少永久性的疤痕！

　　很多家長並不重視青春痘問題，即使是嚴重青春痘，也認為時間到了就會停止生長；也有家長認為長青春痘沒有什麼大不了，他們小時候也長過，當時也還沒有出現這麼複雜的痘痘療程，為什麼現在就得大費周章地吃藥、擦藥、做療程？而年輕男女也常有著要不得的迷思，認為今天晚上擦了一罐藥、吞了一顆藥丸，明天早上所有的青春痘就該不見。這些錯誤的先入為主觀念會造成延遲就醫，或者是抱著不實的期望，藥效都還沒出來前，就先放棄治療了。

　　青春痘的確不容易控制，也需要病人全方位的配合才能達到最好的效果，尤其是嚴重的青春痘需要二到四個月以上的治療才能達到穩定控制，即使吃了口服 A 酸也是如此。所以千萬不要因為吃了一週的藥，痘痘卻沒消掉一顆就放棄，而去找一些旁門左道的門路，讓自己離乾淨無瑕的肌膚越來越遠。

　　嚴重型的青春痘，需要好好跟皮膚科醫師討論治療方向，你要非常明確地表達自己想要「快速控制青春痘」，醫師才會主動提起口服 A 酸的治療。因為青春痘實在太常見，很多家長也常對口服藥物表現出排斥的態度，網路上還可以

找到眾多口服 A 酸的「可怕」副作用,所以一般的皮膚科醫師對於青春痘治療相對保守,而且門診裡面也缺乏足夠時間解釋治療的過程。我會在第 16 章討論到這個藥物,它其實並不可怕,反而非常可愛!

一定要治療的皮膚問題

囊腫型青春痘

這個類型最重要,因為能在生長時期快速控制下來,留下永久痘疤的機會就會大幅減少。這類型通常以青春期的男性為多,但我也遇過到了二十出頭才開始長大爛痘的上班族女性。所以歲數不是絕對,只要開始發生就要趕快治療!

嚴重型的全臉粉刺

每個人臉上都會長粉刺,但是病態型的粉刺是密密麻麻地發生在額頭、兩頰與下巴,數量幾乎數不清,超過數百顆以上。這些病人如果光用果酸換膚來代謝,過程會相當漫長與疼痛。還是要服用一點口服 A 酸,再使用果酸換膚,才會縮短治療時間。

臉上已經留下嚴重疤痕，青春痘的發生率已大幅下降，但三不五時還是會冒幾顆

留疤的過程是需要皮膚反覆地發炎才會留疤。而我常常看到嚴重痘疤的病人，臉上三不五時仍會出現發炎非常嚴重的囊腫型青春痘，不要小看這些「偶爾」發生的大顆痘痘，三、五年下來，還是會造成更多新生痘疤。

每次在幫嚴重痘疤病人治療時，我心裡老是想著：如果這病人可以不要長青春痘，他今天就可以不必承受這麼多的痛苦了。

痘疤是一個結構堅硬的組織，要破壞再重建才會看到效果。但這些治療通常非常疼痛、也需要許久的修復期。我看著這些意志堅定的病人躺在治療床上，邊治療邊疼痛到發抖，但還是咬著牙、含著淚繼續打下去。因為嚴重的痘疤真的令人側目，讓他們在工作上、社交上多少受到一些歧視。即使現今雷射技術如此發達，效果還是有極限，無法讓一塊受到嚴重痘疤摧殘的皮膚，恢復到原本平滑的正常模樣。所以我每每看到嚴重痘痘的病人，一定苦口婆心地要對方進行治療，將它快速控制下來，因為預防痘疤絕對比治療痘疤來得有效、便宜、無痛許多。

15　令人眼花撩亂的外用藥膏

——要養成長期擦藥的習慣

「莊醫生，我的粉刺好多，明明有擦了醫生的藥還是沒有改善！」

「你看了幾次醫生？藥擦多久了呢？」

「我去看了兩次，醫生開給我兩罐藥，都是擦了一個禮拜完全沒有改善，我就放棄了！」

台灣健保制度導致民眾取得藥物容易，所以不懂珍惜。也因為就醫方便，很多民眾一有小問題就往診所跑，導致醫生分配給病患的時間被嚴重擠壓。痘痘是再常見不過的狀況，所以皮膚科醫師看見痘痘病人走進診間，還沒坐下來，藥物都已經開好了，難免給病人敷衍的感覺。

我無法指導其他醫生如何看診，但我認為我們都少講一句：「要有耐心擦，要好幾個禮拜後才可以感覺出效果。」這樣或許病人的遵醫囑性會提高，也會少花一點錢買有的沒有的保養品。

排隊一小時，看診兩分鐘！醫生真的在敷衍我嗎？

　　我在這裡要為皮膚科醫師平反看痘痘很「敷衍」這件事。皮膚科醫生最專業的訓練就是「看」診，針對常見的病灶都是「秒診斷」（嚴格來說一定小於十分之一秒），尤其我們每天要看好幾十位有痘痘問題的病人，不用等病人開口，我們已經秒看到、秒診斷，腦裡也早就有對應的治療計畫，手也已經在鍵盤上面敲出藥單。這個過程不需要一分鐘，當然給病人草率的感覺。痘痘藥說複雜也不複雜，大約可分為八、九種，我們會習慣一開始先給某幾種藥物，之後依照病人狀況調整藥物。

　　第 13 章已經提過一些開架可以買到的治療產品，下面則是需要醫師處方箋，但很常見的外用痘痘藥物。這章的目的絕不是希望痘粉讀完後就可以自己當醫生，去藥局指定下面的藥物來自我治療。不同的藥物針對不同種類的膚況，有些藥物可以當長期維持性治療、有些藥物不可單獨使用、有些藥物有不同濃度可以供給不同程度的病人使用，這些專業的判斷，都需要看到病灶才能決定，真的不建議自己幫自己看診！

外用維他命 A 與其衍生物（Topical Retinoids）

　　這類的藥物都是 Retinoid，是一種維他命 A 的衍生物。這些可以治療青春痘的維他命 A 家族，下面三種最為常見，痘粉可對照你們手上的外用維他命 A，看看是哪一種。這個藥物對我來說，最能有效去粉刺與預防粉刺，也是我對未發炎的粉刺與輕微發炎的痘痘之首選藥物。我接下來都會用「外用 A 酸」來統稱這些藥物。

　　Tretinoin 是最早出現的外用 A 酸，但目前在台灣很少應用在治療痘痘的臨床上，而被 Adapalene 取代，因為這個第一代外用 A 酸會產生光敏感性與皮膚刺激感。它們的濃度可以從 0.025％到 0.1％，如果你還可以找到有在使用這個藥物的醫生，請比照之前的過氧化苯與水楊酸，都要從低濃度的開始使用起，萬萬不可太貪心。

Adapalene 是現在皮膚科醫師最常使用的外用 A 酸，有兩個濃度，0.1％與 0.3％。0.1％濃度為健保給付，0.3％是自費藥物，藥效當然也比較強。

Tazarotene 是一個比較少見的外用 A 酸，有兩個濃度，0.05％與 0.1％。皮膚科醫師通常用它來治療乾癬居多，也常用於未發炎的粉刺。副作用與刺激程度比 Adapalene 高，與 Tretinoin 相當。

局部漸進，夜間塗抹

這些藥物都不能擦太多，洗淨臉部後薄薄地擦上一層即可，如果你從未接觸過 A 酸，第一次接觸不能大面積地擦在皮膚上面，可以先單點在局部長痘痘的地方，隔幾天後皮膚比較適應，再增加使用範圍。一般建議在晚上使用，如果皮膚可接受，則每晚都可塗抹。

脫皮泛紅別嚇壞，醜一陣子好過醜一輩子

這類藥物的主作用為溶解粉刺、預防毛孔堵塞、幫助角質脫落、抗發炎、抗菌，至於副作用則分為輕微和嚴重兩種情形，輕微的乃是「可預期的皮膚反應」，如輕微脫屑、皮

膚癢癢刺刺感，這不需要大驚小怪，使用時搭配保濕乳液一起使用，可以減緩不適感。也可以自行先停用數日，之後再慢慢擦回去。

至於嚴重的情形呢？像是嚴重泛紅、刺痛、紅腫，就要立刻停藥，並且找原始開藥給你的皮膚科醫生，另外擦其他治療皮膚炎的藥物。

令人聞風喪膽的「排痘期」

有些人聽到這個副作用嚇得聞風喪膽，怎麼樣也不願使用。其實，所謂的「排痘期」不見得會出現，即使出現也是很好的現象，因為你的皮膚會越來越乾淨。痘痘肌的臉上通常都有很多微小的粉刺，只能在顯微鏡底下看得到，連摸都摸不出來。這些微小粉刺將來會越來越大顆，變成臨床上可以摸到的大粉刺，如果發炎就會變成青春痘。囊腫型青春痘也有可能是因為好幾顆粉刺一起發炎導致。所以，如果有一個藥物可以幫你在微小粉刺時就代謝出來，只有幾個禮拜的代謝期，你還不願意擦嗎？你要長期因為痘痘而變醜，還是短期讓粉刺快速代謝出來，牙一咬就過去了？這個答案應該很清楚了吧！

杜鵑花酸（Azelic Acid）

杜鵑花酸是在自然界出現的酸類，有抗菌、減少黑色素、抗發炎的效用。由於這個藥物與其它抗痘藥物不會產生交互作用，可以與其他藥物一起使用，加快治療速度。特別是嚴重青春痘，我很喜歡多種藥物一起開，才能快速地控制病情。

泛紅搔癢不用怕，就算孕期一樣適用

使用期間可能會出現暫時性的泛紅、搔癢。這些都是沒有關係的！請不要因為暫時性的小小的不適感就放棄治療，這樣膚況怎麼會好呢？舉凡所有青春痘用藥，都會產生類似的副作用。青春痘是一種角質代謝異常的疾病，如果藥物能幫你脫一層皮，不是很好嗎？你的皮膚會越來越適應脫皮泛紅等不適感，接下來再怎麼使用都不會脫皮了。這個時間約需四到六週。

外用杜鵑花酸可以安全供孕婦使用。所有的其他藥物，包括口服藥物，皮膚科醫師都不建議孕婦使用。但懷孕期的青春痘又是常見的自然反應，這個藥物可以大膽放心使用。

外用抗生素

常見的包括克林達黴素（Clindamycin）、紅黴素（Erythromycin）、四環黴素（Tetracycline），但我並不建議長期使用抗生素當作保養。這些抗生素凝膠擦起來，乾掉後會有「痘痘收乾」的感覺，因為凝膠乾掉後會留下一層乾燥的膜，病人非常喜歡這個感覺。但是抗生素長久使用下來一定會出現抗藥性，如果不與其他藥物一起使用，抗藥性會快速出現。抗藥性的意思就是，之後再怎麼擦都沒有用。

青春痘治療是一個長期抗戰的疾病，所以萬萬不可自行到藥局購買抗生素塗抹。痘痘藥看似簡單，還是需要皮膚科醫師幫你調整藥物，療效才可以安全有效。

莊醫師每天晚上用的痘痘藥

我只要壓力大、晚睡就會開始長痘痘。下巴的粉刺也跟所有女人一樣會長個不停。我並不會每天服用口服抗生素，但是我卻會每天晚上擦外用藥膏。保養品我不見得每天都會使用，但是我卻會每天使用外用 A 酸，一洗完臉就會塗上薄薄的一層藥膏。長久下來下巴的

粉刺減少很多，不敢說一顆都沒有，但的確因為長久使用得到很好的控制。

你可能會問：「長久使用這些藥膏會不會導致皮膚越來越薄？」

不會！這些藥膏只是會讓角質層代謝比較快，肌膚的確會比較敏感。如果真的發生泛紅、刺癢，藥膏停用幾天症狀就會減緩。症狀發生時，也需要多擦一點保濕產品。

16 口服藥物到底會不會傷身？

——揭開副作用與爆痘期的面紗

「醫生，我兒子的青春痘已經長了四年，怎麼看醫生都看不好。」

我最常看到高中二年級到三年級的小男生，因為臉上的囊腫型青春痘來就診。他們的故事大概都是從國二、國三就開始，到了要升大學考指考，青春痘的症狀變得更難以控制。

「你們怎麼治療？有吃藥嗎？」

「我不想要讓我的兒子吃藥啦！吃藥不是傷肝嗎？年紀這麼小。所以我們過去只有擦擦藥膏，現在有在吃中藥。」

「那效果如何呢？」

「就是因為都控制不下來，所以才來找妳啊！」

每次聽到這個，我總是會加倍解釋——大多數囊腫型青春痘不可能靠外用藥膏控制。甚至有時即使多加一顆抗生素也控制不下來。父母的出發點都是因為愛護孩子，捨不得讓他們的孩子服用口服藥，導致傷身。但是我卻持另外一個想法：當囊腫型青春痘已經嚴重影響孩子的自信、社交與造成心理陰影，必須用盡方法加快控制。當嚴重到某一個程度，一定要吃口服藥，只要錯過了黃金時間，臉上就有可能留下永久的疤痕，到時還要再來治療疤痕，這樣根本是本末導致，花費的時間與金錢更多，更心力交瘁。

　　許多人寧可相信吃完全搞不懂藥物成分的中藥，認為比較溫和不傷身；但是我常在門診遇到病人吃中藥半年後一點改善都沒有，還一直不斷安慰自己有一點點的控制，同時卻期待西醫要立馬控制並且不能復發！

　　我對中藥不夠了解，但我熟悉痘痘藥物的所有「習性」、需要的劑量、所有的副作用，與多久之後會看到效果，可以很精準地跟病人說明服用多久可看到效果、可預期的問題與要注意的事項。一般來說，青春痘的口服藥可以分為三大類：口服抗生素、抗雄性荷爾蒙用藥和口服 A 酸。

口服抗生素

口服的抗生素最常見，例如 Tetracycline、Clindamycin、Doxycycline 等，也通常是第一線青春痘控制藥物。這個藥物長期服用會導致抗藥性，所以我們一般不喜歡給病人長期服用這個藥物。如果是非常難控制的青春痘，三個月一到，我會努力地說服病人開始服用口服 A 酸，而不是繼續使用抗生素，除非病人希望能夠懷孕或是身體狀況不允許，要不然口服 A 酸才是我的首選。

抗雄性荷爾蒙用藥

另外一大類是抗雄性荷爾蒙用藥。這類藥物有口服避孕藥與有抗雄性荷爾蒙效果的利尿劑。口服避孕藥可以讓不希望懷孕、但有痘痘問題的女性長期服用。在歐美國家，女孩們可能十六歲就開始使用，是極度普遍的一種藥物；但是東方國家常常聽到這個藥物眉頭就會皺起來，好像服用避孕藥就會不孕，或是被貼上行為不檢的標籤等等。如果使用者把避孕藥當作調理荷爾蒙的藥物來中性看待，是否就能避免掉這些偏見？

抗雄性荷爾蒙用藥 spironolactone 也是我喜歡的痘痘雞尾酒療法之一。這個藥物是一種弱的利尿劑，但對皮膚的效用是降低雄性荷爾蒙。特別是女性如果經期不規律，或是經期前冒痘，都是適合的使用對象。這個藥物雖不像口服 A 酸會造成畸胎性，但若懷孕還是必須要停止使用。如果懷上男寶寶，可能會導致男胎女性化的風險。

口服 A 酸

這個藥更廣泛運用在痘痘、油性肌膚、酒糟性皮膚治療上。若沒有這個藥物，很多症狀可能沒有辦法完全控制。尤其在嚴重青春痘上面，若沒有這個藥物，我可能根本沒有自信可以立刻控制嚴重病人的病況！可見這藥有多重要。

口服 A 酸的效果，是外用藥膏的渦輪增壓版。它是維他命 A 的延生物，是唯一可以直接對抗青春痘的萬惡根源——旺盛的皮脂腺的藥物！即使所有化妝品保養品公司說他們的產品可以控油，相信我，跟口服 A 酸比起來，簡直是騎腳踏車比上搭乘火箭！另外它也可以讓角質的脫落速度正常化，一般的痘痘病人脫落速度是比較緩慢的，所以減少了皮脂，痤瘡桿菌就沒有完美的生長環境，發炎性青春痘的發生率也

大大下降了。

這個藥物在皮膚科教科書裡面會提到一長串副作用，包括：

可能導致畸胎

如果女性在服用期間不小心懷孕，會導致畸胎的比例很高，但只要停止服用一個月後，就沒有這樣的顧慮，通常我會請女性病人停藥半年後再懷孕，這段期間至少要採取兩種以上的避孕方法。男病人就沒這方面的顧慮，但是停藥後也要避免捐血一陣子。

引起憂鬱甚至自殺傾向

幾十年前的一篇醫學期刊間接表示，它可能會讓服用的病患產生憂鬱，甚至導致自殺傾向，聽起來頗為嚇人；不過我開這個藥幾年下來，得到的大部分是相反的答案——我的病人最後因為不再長囊腫痘痘，臉不再痛、也不會害怕社交，都開心得不得了，怎麼會憂鬱？

血脂肪與肝指數升高

血脂肪升高、肝指數升高只會發生在少數病人身上，若真的發生時，停止服用藥物，就會快速恢復正常數值。所以服用藥物期間，必須定期抽血檢驗這些數值。

我真心認為不用為了極度少見的副作用就放棄治療，因為會對藥物過敏的病人，即使是一顆再平凡不過的止痛藥都可能休克致死。它是一個專科使用藥物，即使皮膚專科醫師沒有經常性地開立這個藥物，都會對它感覺陌生，更何況病人？所以任何的小小副作用都會遭到倍數放大。很多的皮膚科醫生也因為擔心副作用帶來的爭議，而不使用這個藥物。但是如果使用的劑量正確，並且有很好的衛教，並不會暴露病人在過大的風險中，卻可大大提升治療效果。

爆痘期

關於爆痘期，以下是我最常被問到的幾個問題：

一、是不是每個人都會發生？

不是！絕對不是。如果你本身的青春痘不嚴重，只有一點點粉刺，就不會發生這樣的狀況。如果你臉上本來的囊腫

型青春痘就很嚴重，排痘期會比較有感。

二、口服 A 酸不能與抗生素一起服用？

不是！口服 A 酸不能與四環黴素類的抗生素一起吃。但是抗生素有很多種類，如果醫生連抗生素類型都分不清楚，連醫學院三年級都過不了。

三、網路上說一定會爆痘？

這是統計學上的取樣偏差。有遇到爆痘的病人，才會在網路上大肆宣揚爆痘的可怕；但有更多蒙受口服 A 酸好處的病人，可能不見得會上網宣揚口服 A 酸的好處。

四、如果真的發生爆痘，大概會持續多久？

一般比較嚴重一點的青春痘，排痘期約兩週到六週。但是我們也有遇過大魔王，約兩個月才控制下來。

五、預防爆痘期該怎麼做？

可在吃口服 A 酸前先做果酸換膚數次，先把內包粉刺減少，降低爆痘的嚴重程度。或者可以先服用抗生素與口服類固醇壓下發炎反應。但是每個人的狀況不一樣，請勿質疑你醫生的處置哦！

莊醫師開立口服 A 酸的心得

我愛口服 A 酸。很多台灣的皮膚科名醫也都愛口服 A 酸。我走到世界各國，與其他醫師交換關於痘痘的最新療法，也發現世界各國的名醫也都說他們愛口服 A 酸。

人性容易把負面消息放大再放大，由於現在網路發達，口服 A 酸的副作用被網路過度誇大，例如爆痘、掉頭髮、憂鬱、有自殺傾向、傷肝、傷腎等等。患者看完應該沒有一個敢服用了！說真的，我經常性地開立這個藥物給病人，不論是痘痘、酒糟、痘疤病人，即使對正在進行雷射療法的病人，也都相當安全。

會不會出現副作用，與醫師的藥物調控有關係。只要女性病人不要在服藥期間不小心懷孕，其他所有副作用與口服 A 酸可以帶來的效果與控制，完全不能相比！所以我常常第一時間都會要求病人服用這個藥物，因為從我開立這個藥物處方到現在，從來沒有一位病人因此埋怨我，我得到的回饋反而都是：「我太晚開始吃了！」

17 | 痘肌可以考慮醫學美容嗎?

—— 安全進行酸類換膚與雷射

醫學美容是痘痘治療的其中一環,是一種加速器,但不能單單靠打雷射、換膚、清粉刺,卻不治療痘痘的根源,這樣無法獲得最大改善。但是沒有這些醫學美容的治療,痘痘也無法達到快速控制。

治療痘痘一定要搭配內科的口服、外用藥物,然後藉由醫學美容的療程再推一把,才能達到最快速有效的治療效果。所以千萬不要本末倒置,只到醫美診所進行果酸換膚和各式各樣的雷射,卻忽略最根本的治療!

琳琅滿目的醫美治療到底需不需要?

這要看每個人的預算。健保藥物,例如抗生素、外用藥膏,大部分可以達到治療效果,但是效果可能需時較久。自費藥物,例如口服 A 酸,或是特別的 A 酸或 A 醇,控制效果可以更快、更有效。醫美治療,例如果酸換膚、雷射、脈衝光、光動力,則是再更加速藥物的治療效果。

我認為痘痘可以在三個月內控制下來，只要配合醫生吃藥、擦藥、做療程、擦對的保養品，真的可以這麼快！

由於可以應用在青春痘治療的醫學美容方法推陳出新，我這裡只介紹比較常見的治療方法。但我私底下前往各國所聽到的治療方法，光是在未來的幾年，就會推出好幾種不同波長的雷射療法。

酸類換膚：代謝角質、趕走粉刺

酸類換膚的原理是增加角質代謝和殺菌。

致痘很重要的原因是過度的角質堆積。酸類換膚，不論是果酸、水楊酸、AB 酸、氨基酸、杏仁酸、三氯醋酸、乳酸，都有軟化角質與正常化角質排列的效果。

「酸」這個詞的意思就是 pH 值低，pH 值越低，換膚的效果通常越好，但是越容易引起副作用，所以需要在專業的院所裡面施作才能安全有效。衛生福利部規定居家保養的酸類，pH 值需要在 3.5 以上，而院所內使用的果酸換膚通常都是低於這個 pH 值。我們診所甚至有些換膚都要我親自下去

刷，每一秒盯著皮膚的變化，才能達到治療效果，並且避免過度治療。

另外，酸類換膚的另一個重點是清粉刺。這裡的粉刺並不是每天洗臉時可以洗出來的小粉刺，而是長時間存在臉上的大顆病態型粉刺。這些內包大顆粉刺需要被清出來，雖然說長期服用口服 A 酸後就可以代謝乾淨，但是如果在治療初期就包括一些清粉刺的治療，可以大幅度降低爆痘的機率，病人也可以立刻感覺到臉變平整了些。

但是，清粉刺其實很仰賴治療者的技術。有時候太求好心切，把每一顆粉刺都挖出來，反而造成過度發炎反應，清太少則達不到治療效果。所以病患自己在家裡用青春棒清粉刺並不是明智的舉動，因為自己不知道到底什麼粉刺該碰或不該碰，仰賴專業人士是比較安全的做法。

雷射：殺菌、去除角質與色素沉澱

雷射的原理是：利用不同波長、雷射脈寬，達到殺菌、退紅、褪去色素沉澱、去角質與痘疤修復的效果。雷射的種類太多種，一般來說治療痘痘的必備雷射設備有：淨膚雷射、

脈衝光、血管雷射與飛梭雷射。

淨膚雷射

　　淨膚雷射幾乎大家都聽過，它可以消痘痘，也可以褪去黑色的色素痘疤，並且無修復期，在醫美診所裡面幾乎都會提供這個治療。病人施打完之後會感到皮膚比較光滑、比較白，有痘痘的病人還會得到一些控制。

脈衝光

　　脈衝光嚴格來說不是雷射，而是很強的光透過濾鏡，濾出單一波長的強光，達到類似雷射的效果。透過不同的濾鏡可以達到褪黑色素、褪紅色素，並且殺菌的功效。由於這個治療已經有二、三十年之久，機器每三到五年會進化一階，這個治療很仰賴醫生對於波長與能量的控制。

染料雷射

　　染料雷射是最常被使用的血管雷射，染料雷射或是 585 黃雷射是用來治療紅色痘疤、酒糟常用的治療儀器。由於雷射儀器每年養護費用昂貴，並不是每家院所都可提供這樣的治療。

飛梭雷射

　　最後是飛梭雷射，不論是氣化性或是非氣化性雷射，醫美診所都會利用它來治療痘疤。但治療痘疤並不是簡單的工程，單單利用一兩台儀器就可以大幅度改善。我的診所裡有多台相當先進的治療痘疤雷射儀器，我在諮詢時還是很保守地說明，治療效果無法達到百分之百。目前我並不認為功率低的飛梭雷射可以治療任何的痘疤，充其量只能縮小皮脂腺，達到暫時性治療青春痘的效果。

未來趨勢── 光動力療法

　　我雖然認為口服 A 酸的治療效果是無法被任何治療媲美的，但是它的藥效需要約一個月甚至兩個月之後才可以看出進步，而且有極少數病人會有「爆痘」的風險，雖然可以控制，但是在這個過程中會讓人極度害怕與不安。我曾經在上海華山醫院實際看過病人，在短短四週之內，利用光動力的抗發炎與控油的功用，控制嚴重的囊腫型青春痘，效果驚人到我自己都無法相信，因為控制嚴重的囊腫青春痘非常辛苦。有時候病人需要吃到中、高劑量的口服 A 酸，並且要經歷過三、四個月才能得到比較好的控制。

光動力治療（photodynamic therapy），在歐美、甚至中國大陸早已如火如荼地在運用。這是一個利用可以被轉換成紫質的光敏劑 aminolevulinic acid 或是 levulinic acid 塗抹在臉上一段時間後，再利用特殊光源活化光敏劑，其產生的化學反應會降低皮脂腺的活性與抗發炎。

光是提到降低皮脂腺分泌，是不是就想到口服 A 酸的功效！但是目前台灣只引進保養品等級濃度的光敏劑，效果看起來也不錯。由於是保養品等級，需要其他藥物一起合併治療，才能達到長期控制的效果。這個治療是不想吃藥或是不能吃藥的病人，快速控制痘痘的好方法。

雷射也會產生爆痘期？！

「醫生，我之前打淨膚，不打還好，一打完卻狂長痘痘！」

不光是淨膚，飛梭雷射、皮秒雷射也都會。這不是醫生或是雷射儀器的問題，而是病人膚質不適合，也常常是因為病人術後求好心切，不斷使用各式各樣的「保濕」產品，堵塞了角質。

雷射都會產生熱效應，即使號稱脈寬極短的皮秒雷射也會產生熱效應。雷射的熱效應有可能在臉上產出新痘痘，不論是刺激皮脂腺，或是刺激臉上的蠕形蟎蟲活性都有可能，真正的原因目前尚不太明朗。下一篇會跟大家解釋蠕形蟎蟲是什麼。

18 你以為的敏感，可能是蟲蟲危機！

——油肌卻出現敏感症狀的警訊

「醫生，我的皮膚洗完臉之後就會好乾，幾個小時後皮膚又油到可以煎蛋，頭髮也需要每天洗。」

「醫生，之前我去做臉，美容師說我是外油內乾，所以我需要補充更多的保濕乳液，或是乳霜對吧？她們都說我是油水不平衡才會這樣。」

「醫生，我是敏感性肌膚，常常覺得臉癢癢紅紅的，也會出現一些小紅點、膿皰，擦什麼都不對，都還是不舒服！」

這些油性肌膚的病人，千篇一律地出現敏感症狀、泛紅、膿皰，但是卻沒有真正的敏感性肌膚那樣皮膚薄且乾燥，如果仔細看，皮膚還有非常微小的屑屑。如果這時擠一點皮脂分泌物下來，不難發現有大量蠕形蟎蟲的蹤影。

油性肌膚卻出現敏感症狀

我執業初期，病人老是跟我抱怨他們的皮膚是敏感的，擦什麼東西都不適合，但我觀察這些病人的皮膚根本就是油性肌膚！油性肌膚的角質代謝通常不好，真皮層比較厚，不大容易產生過敏現象。病人的臨床抱怨，我無法用我學到的學理解釋，我百思不得其解，為何明明就是長痘痘的油性肌膚，卻出現乾性肌膚常會出現的敏感症狀？

許多皮膚科醫生認為這些敏感性症狀是酒糟性皮膚炎，但是我卻不這麼認為。酒糟性皮膚炎的原因不明，治療方法也有一籮筐，而且每種治療方法都沒辦法根治，只能控制，有時還要不斷嘗試不同的藥物。當一個疾病需要用上多種治療方式，通常代表治療方式差強人意。目前所有酒糟的治療方式，皆無法降低過多增生的蠕形蟎蟲，難怪這些病人長年以來被當作酒糟性皮膚炎治療，卻看不到起色。

可能的疑點：泛紅、搔癢、乾燥、皮膚吸收力差

這個問題我一直到了最近這一、兩年，有一個可以殺蠕

型蟎蟲的新藥上市後，我仔細地去觀察我所有的痘痘病人，才發現這些抱怨「敏感」的病人其實是大量的蠕形蟎蟲在臉上作怪。這些病人經常性地抱怨臉會泛紅、搔癢（這種癢不是非常癢，但是會讓人想去抓一下）、皮膚乾燥、擦任何的保養品感覺都不會吸收。

典型的蠕形蟎蟲症狀

　　診斷蠕形蟎蟲症的方法之一是擠一點皮膚分泌的皮脂，放到顯微鏡下面觀察，會看到一條條像蝌蚪狀的小生物。蟲量體大的病人，在顯微鏡底下甚至有密密麻麻的蟲！其實讀到這裡你的臉應該感覺癢癢的吧？不用擔心，蠕型蟎蟲本來就是皮膚裡的寄生蟲，正常人臉上本來就有會有少量的蠕形蟎蟲，但是不構成臨床症狀就不需要治療。

　　人類的皮膚本來就有多種細菌、黴菌與小寄生蟲，這些生物與宿主有著精密的動態平衡，好像平衡的天秤，非常穩定，但是只要拿掉一個小砝碼就會歪一邊。當這些小生物在臉上的數量都處於正常，不多也不少，皮膚會處於一個安定

的狀態。蠕形蟎蟲症就是一個因為天秤的一邊翹起來導致的疾病。病人的皮膚通常都非常油，過度產出的皮脂就是蠕形蟎蟲的天然食物，養分過多當然滋養出大量蟲蟲。

一有懷疑，就讓顯微鏡為你解答

我大部分的病人都是油性肌膚，才會長痘痘與痘疤。過去這一年我很仔細地觀察過這些病人的臉，並且只要一有懷疑，就採一點檢體到顯微鏡下觀察。我才恍然大悟，原來這些原本被認為是酒糟、敏感、痘痘肌膚的病人，其實只是蠕形蟎蟲過度生長的問題。如果沒有控制蟲蟲的問題，病人還是會不斷地長出類似痘痘的膿皰、紅點或泛紅。只要對症下藥，兩、三個月皮膚就會呈現前所未有的穩定！現在每次痘痘病人來看診，我總是會多看幾眼，檢查有沒有蠕形蟎蟲的可能性，只要診斷出來就有藥物可以治療，症狀也就會減輕。

莊醫師對「偽敏感肌」的建議

蠕形蟎蟲症是病人教我看的，是醫學院或專科醫師訓練時沒有學過的疾病。因為當時的概念裡，青春痘就是

青春痘，酒糟就是酒糟，沒有任何的交集。我萬萬沒有想到青春痘病人裡面，竟然有這麼高比例的病人有蠕形螨蟲症。只要把蠕形螨蟲症控制下來，有一半皮膚不穩定問題可以獲得大幅改善。

這些蠕形螨蟲症的病人很多都有一個相同特質——長期被皮膚問題困擾，甚至問診時在診間裡會流淚說看過很多醫生，從名醫到住家附近的皮膚科都看過，但是症狀就是沒改善。但是仔細觀察他們的臉，並不是我們常見的爛痘或是密密麻麻的粉刺問題，外人看起來只是不起眼的紅點點或是膿皰。

由於所有症狀都像皮膚敏感問題——紅、癢、乾，長期下來被當成皮膚炎擦類固醇，或是當成敏感性肌膚擦油膩膩的保濕乳霜，反而造成症狀更加惡化。病人陷入了無限的惡性循環當中，因為問專業人士無法獲得治療，只好自己亂想辦法，反而更加嚴重。

所以如果你的頭髮需要每天洗頭，臉部出油量也很高，皮膚暗沉、泛紅，甚至主觀覺得你就是「敏感性肌膚」，請至皮膚科門診診斷是否有蠕形螨蟲作怪。不要只治療痘痘，因為痘痘藥沒有辦法殺蟲。**也請停掉手邊所有敏感性肌膚適用的保養品，因為這些產品提供更多的養分，讓你臉上的蠕形螨蟲越長越多！**

PART 4

美上加美的第四步

——如何畫個不會致痘的彩妝？

19 防曬時要注意的眉眉角角

—— 陽光是皮膚最大的敵人

看診時我聽到最大的迷思就是：「我要增加維他命 D，所以要讓我的臉去曬太陽！」

防曬是個老掉牙的話題，但我認為所有人都要防曬，而不只是皮膚出狀況或愛美的人才要防曬。曬太陽會長斑、長皺紋、大量流汗後會長痘痘，甚至過度曝曬的農人，年紀大後還有可能得到皮膚癌。太陽光絕對是皮膚的最大敵人！

你可以讓你的背去曬太陽，可以製造更多的維他命 D，而且時間也不需要很久，大概十五分鐘就好。範圍也不需要很大，一個十公分乘十公分的面積，就可以製造出每天需要的量。何必讓臉去曬太陽呢？

抵擋太陽的三大法則

一般人會認為防曬只有一種方式，就是擦防曬乳。錯！防曬乳只是其中一個手段。下面是我依照重要性列出來的幾個法則：

減少曝曬

正午的時候不要出門，待在屋內。若喜歡戶外活動請選擇清晨或傍晚進行運動。

物理性隔離紫外線

很多人不明白這點的重要性，認為只要擦上防曬乳則萬無一失，卻忘記不要讓陽光直接打在臉上的重要性。物理性隔離包括帽子、陽傘，與大到可以遮住半張臉的太陽眼鏡。或是上下班騎車戴上全罩式安全帽，並且配戴有紫外線隔離效果的太陽眼鏡，都是很重要的保護。

防曬乳用量要留意

一般的防曬乳保護力約兩個小時，並且要塗上五公克，包括耳朵、脖子與露出來的前胸。這是一個很大的量！一罐五十公克的防曬乳，在十天內就會使用完畢。所有的人，包括我，都無法使用到這麼大的量，有使用到一公克就謝天謝地，我甚至看過有人把防曬當粉底液，只塗了薄薄一層。使用極少量、導致保護力變得非常低的防曬乳，會讓人錯認自己已經受到完整保護，便肆無忌憚地曝曬在陽光下。

⟨ 選擇防曬乳的四大原則 ⟩

第一，使用的防曬乳不能讓你長痘痘。市面上的防曬乳百百種，每一個廠牌都有出防曬乳。有些是清爽型、有些適合敏感性肌膚、有些適合乾性肌膚使用。我在這裡不跟大家推薦任何的產品，因為適合我的產品或許不適合你，必須要自己去選擇，如果找到一罐讓你不長痘痘的產品，就不要換來換去了。萬一到處道聽途說買來的產品反而堵塞毛孔，那就得不償失了！

防曬乳導致長痘痘，通常不是因為防曬乳的活性成分，是因為質地的問題。防曬乳的質地可以很濃稠、清爽、噴霧狀，甚至是粉末狀。擦了濃稠質地的防曬乳，就好像擦了很營養的乳霜，對於痘肌當然不恰當。應該要選擇使用清爽型，甚至是水狀的防曬乳，才可以降低長痘機率。所以買防曬乳之前，我都會建議民眾先摸摸質地，才不會誤選太滋養的防曬乳質地，造成臉上的青春痘。

第二，防曬乳有分物理性與化學性。化學性防曬乳可以過濾和吸收太陽中的紫外線，其質地有許多種，民眾可以依照自己的膚質選擇。防曬乳的選擇與保養品的選擇是同一個法則，如果擦起來覺得很油膩、厚重，可能堵塞毛孔的機率

就大幅提升。建議試用一款新的防曬乳時，要好好觀察粉刺與冒痘狀況，只要察覺到有可能是新產品的關係，就必須立刻停止使用。

不同防曬質地的比較

比較	防曬凝露	防曬乳	防曬噴霧
特質	水狀、不油膩	擦起來像乳液或乳霜	噴霧或水狀
適用對象	油性肌膚	乾性肌膚	大面積使用，例如身體或四肢
優點	質地比較不會堵塞毛孔	可提供乾性肌膚保濕功能	方便快速大面積塗抹
缺點	不防水、需要積極補充	不適合油性肌膚使用	塗抹可能不均勻，造成曬傷

物理性防曬乳則可以阻隔和折射紫外線，通常只有兩種成分──氧化鈦（Titanium oxide）與氧化鋅（Zinc oxide）。但是我所接觸過的產品質地都偏厚重，或者擦上去會有白白一層，不太討喜。但是物理性成分對環境的影響與引起過敏的機率比較低。

化學性與物理性防曬的作用機轉不太一樣。化學性防曬必須要在曝曬前三十分鐘就塗上，因為它必須要被皮膚吸收之後，才能有反光的效果。物理性防曬因為分子量很大，並且都是礦物質成分，所以不被皮膚吸收，停留在表皮，直接反射陽光。物理性防曬只要擦上去就會有防曬效果。

有些人覺得化學性防曬比較容易造成皮膚過敏，所以不敢使用，但是會不會過敏是個人體質問題，如果是油性肌膚，又找不到一罐清爽的物理性防曬乳，又不會對化學性防曬乳過敏，何不嘗試看看呢？

第三，選擇適合的 SPF 和 PA 值。一罐好的防曬乳應該要有兩個標示，一個是 SPF（Sun Protection Factor），另外一個是 PA（Protection Grade of UVA）。SPF 是用來延長被曬傷的時間，所以擦的 SPF 越高，越不容易曬黑與曬老。雖說 SPF 越高越好，其實 SPF 35 就可以阻擋 97% 的太陽光，SPF 50 則有 99%。所以多加了 SPF 15，其實也只是多出 2% 的防曬能力而已，但是產品可能因為添加了高濃度的防曬成分，導致毛孔堵塞。

PA 則是針對 UVA 的防禦力。PA 從 + 到 ++++ 都有，由於 UVA 是造成光老化最大的兇手，當然是要選擇 PA 越高越

好的產品。

　　我的建議是選擇 SPF 35，PA+++ 的清爽型防曬乳，如果又能找到有潤色效果又更好了，還可以少塗一罐粉底液。另外一個重點在於，為了要達到標榜的 SPF，塗抹的量一定要足夠。一次需要五公克，這包括臉、頸部、耳朵、會露出的前胸。如果只塗臉部的話約需兩公克。如果量不足，就沒有足夠的防護能力。

　　第四，擦防曬乳之前的前置作業。其實防曬乳的基底就是一罐乳液，所以如果是非常油性的肌膚，甚至可以擦一點痘痘藥之後，直接擦上防曬就可以了，可以完全省略再多擦一罐乳液的步驟。當然同時有其他的目的，例如抗老化、美白，就另當別論。但千萬不要同時擦很多罐，避免致痘一定是最大的前提與原則。

防曬對於痘肌的重要性

　　青春痘發炎過後會遺留下一些色素沉澱，褪去的時間約一個月到半年之間。會有這麼大的時間差別，取決於發炎程度的不同。色素型的痘疤不需要太過緊張，因為慢慢地就

會褪去，但是想要加快褪去的速度，第一件事就是防曬！我們東方人的皮膚雖不是最黑的，但是黑色素非常活躍，皮膚只要照射到一點點的紫外線、雷射或是外傷所導致的發炎反應，就容易引起色素沉澱。

所以如果臉上已經出現色素型痘疤，就應該做好預防紫外線的工作，讓難看的時期不要因為外在的因素延長時間。

莊醫師自己的防曬方式

我很懶，平常也相當忙碌，很少時間可以塗塗抹抹。但是我每天早上洗完臉後，第一件事就是擦一點痘痘藥、左旋 C 後，立刻上厚厚的一層防曬，沒有一天例外。

如果我要出門接送孩子，即使是早上七點，我一定也會戴帽子，開車時會戴上太陽眼鏡。夏天時，雙手也會戴上手套。能夠躲太陽我都盡量躲，絕不去海邊曝曬，去了也是待在海邊的咖啡廳納涼，打死都不下水玩。夏天到了，即使是週末，我也是選擇室內運動讓孩子進行，要騎腳踏車只能下午四點後再出去。運動很好，但是比起傷害皮膚，讓身體健康，似乎還有其他更平衡的選擇。

以上這些已經變成我的習慣，從大學時期就開始。每次我看到和我年紀相仿，來打除斑美白的民眾，只要沒有正確防曬觀念，都會有很多淺層或深層的斑點，還有皮膚色素不均、眼周光老化的細紋等等，令人不經唏噓，二十年的防曬工夫差異，可以讓皮膚差別如此之大！

20 適合油痘肌的底妝

—— 告別遮了傷膚質，不遮傷面子的兩難

「醫生，我好痛苦，我的痘子冒個不停。妝都遮不住！」

我觀察 H 小姐的皮膚，發現她臉上塗的彩妝品足以讓她所有毛孔堵住、長出又大又肥的粉刺，並且養出一堆蠕型蟎蟲。

H 小姐出了社會後，經濟上比較寬裕，就開始接觸一些瓶瓶罐罐。但最近不知怎麼搞的，粉刺、痘痘狂冒，臉上看起來髒髒的，所以就開始塗上厚重的粉底液才敢出門。但是她開始上妝之後，長痘痘的情況更加惡化，又必須增加彩妝的厚度來掩飾。但是這些彩妝完全遮不住內包粉刺與大痘痘，看起來根本不平整，而且上完妝兩個小時後皮膚開始出油，皮脂跟厚粉交融在一起，看起來更加不好看。

「妳回家一定要戒掉所有的彩妝。吃藥、擦藥、清粉刺，回歸基礎的保養，妳的皮膚才有好的一天。」我鄭重地告訴她。

這樣的故事天天在門診裡面上演。

這裡講的彩妝是指產品可以調整皮膚顏色，修飾皮膚的不完美，不論是粉底液、粉餅、蜜粉、粉底條、遮瑕膏、BB霜、CC 霜等等皆是，這是每個女人都要學習的重要課題，所以找到一塊不會堵塞毛孔的粉餅真的很重要，而且最好一輩子都不要換。

與選擇保養品一樣，不是標榜天然、無毒、不致痘，就代表絕對讓你不長痘。這些彩妝品本來就是要附著在你的皮膚上，如果過度黏著在毛孔裡，就會導致角質代謝異常，讓原本要排出的皮脂累積在毛孔裡面，生成內包粉刺。以下討論幾種常見的彩妝用品：

妝前乳

其實這只是商人想出來，要你多買一罐產品的名詞啦！油性肌膚的人，早上洗完臉，上一點玻尿酸保濕，再擦一罐潤色防曬，就足以應付妝前乳、防曬和底妝的功能了，不要再擦其他的瓶瓶罐罐，這樣只會越擦越堵塞毛孔，導致越多青春痘、粉刺。

我小時候去買化妝品時，就被櫃姐洗腦過，要擦妝前乳才能隔絕彩妝進入皮膚。當了醫生之後才知道這其實是鬼話，畢竟皮膚的結構相當緻密，怎麼可能會有彩妝品滲進皮膚？如果你還是覺得不習慣，可以把洗完臉後的第一罐產品當成你的妝前乳，它的功效就是讓皮膚的水分提高，僅此而已。甚至，你也可以把你的清爽防曬乳當作是你的妝前乳，之後再擦上底妝，保護皮膚免受紫外線的傷害。

粉餅（不包含氣墊粉餅）

粉餅的質地就是粉，通常都是滑石粉。滑石粉最有名的產品就是嬰兒使用的爽身粉，是會讓皮膚變乾的成分。我認為這對油性皮膚滿重要的，正好可以吸油。其他的成分則包括顏料、潤膚劑，還有結著劑，讓這些成分可以黏在皮膚上。有些粉餅甚至會使用蠟當作成分之一，不論天然或合成。蠟這個成分就算不是醫師都知道會致痘，所以選購的時候要謹慎考量成分。

礦物蜜粉

這個是我的最愛，但持妝力與遮瑕力，和粉底液或是粉

餅比起來絕對差很多。但如果你的皮膚沒有太多的瑕疵，或者你的皮膚超級不穩定，用什麼都會長粉刺，這絕對是首選。這也是為何我都推薦自己的病人購買礦物蜜粉。

水性粉底液

不要被這個名字騙了，這個粉底液雖然基底有不致痘的「水」，但是配方裡面一定還是添加了其他油性或是潤膚的成分，但是這類粉底液擦起來，比含有很多矽或油脂的粉底液舒服多了。你的臉已經那麼會出油了，如果真的要選擇粉底液，當然要選擇此類的產品，比起油性基底的粉底液致痘機率當然大大降低，但還是要小心觀察自己的皮膚。

含矽或油性粉底液

拜託，你都已經讀到這裡了，請不要再購買此類的產品，這個絕對不適合痘粉！這類粉底液的基底常有矽的成分，包括 dimethicone、polysiloxane 與 phenyl trimethicone。其他的成分包括礦物油，也會堵塞毛孔。還有很多油性的成分，根據不同產品有不同的配方。這些油膩膩的產品，只適合那些萬中選一、沒有毛孔的乾性肌膚！如果你不是乾性肌

膚，即使是混合性肌膚，也請不要嘗試這類產品。另外我認為 BB 霜、CC 霜與氣墊粉餅應該被歸類在這個種類，只不過換了一個名字而已。

Q & A

Q：有些粉底液沒有特別標註，要如何分辨粉底液是水性或油性呢？

A：我們不能把粉底液粗分為這兩種，因為粉底液的配方百百種，我們並不知道裡面的比例是多少，但可以用觸感略知一二。含有油脂成分較高的粉底液，摸起來比較滑與粘膩，而比較水性的粉底液則是偏凝霜、水膠的質地。有個大原則就是——水性粉底液擦完之後不會讓臉看起來濕濕、油油的，油性的粉底液則會。你可能會問：濕濕、油油的看起來就很黏膩，為何還要設計這樣的配方呢？因為油性粉底液比較適合乾性肌膚的人，他們的臉部出油量，相當需要這類的彩妝品，要不然會顯得斑駁不貼妝。

另外，我會特留意粉底液的廣告詞，如果強調「保濕力強」、「持妝力久」、「遮瑕力強」，我就會放回架上，改選強調「清透」的詞彙。這些粉底液讓人心動的優點都是長痘痘的開始，因為這意謂含油量高才能達到這些功效。

但是我還是得奉勸所有會長痘痘的痘粉——粉底液少碰！

一、千萬不要使用厚重的粉底液、粉底條,或是油質重的乳霜狀產品。這些包括 BB 霜、CC 霜,或是氣墊粉餅。

二、選擇粉餅、乾式、非氣墊粉餅。如果可以找到礦物質彩妝,可以更安心一些。

三、若有愛用且不致痘的防曬乳品牌,可以找找看那個牌子有沒有出修飾膚色的防曬乳,這樣長痘的機會就能減低。但這裡要注意的是,量一定要擦得很足。

四、遮瑕膏能免則免。因為一顆發炎的痘痘一定是凸凸腫腫的,用遮瑕膏去掩飾它,依然還是一顆凸凸的東西,外人一樣看得出來,而且也對皮膚沒什麼好處,得不償失!

　　如果你今天為了重要的面試、或是跟心愛的另一半見面,真的必須一定要上粉底液,請縮短上妝時間至四個小時以下,一回家就要趕快卸妝、洗臉。刷具、粉撲也要記得定期清潔,至少一週要清潔一次。刻意地遮遮掩掩,反而會讓臉看起來油膩膩、髒髒的,離你想要的美麗越來越遠!

莊醫師自己的彩妝菜單

每日看診妝容

我會使用一罐不會讓我長痘痘的防曬乳，還會特別選擇一罐有潤色效果的。其實粉底液或粉餅最重要的就是遮住瑕疵，改善膚色，如果一罐防曬乳就可以達到這樣的效果，何必拘泥於這只是一罐防曬乳呢？此外要注意的是，防曬乳最重要的目的就是防曬，所以需要大量塗抹在臉部與頸部。

我通常會趁著剛塗完防曬乳還有一點點濕濕的，即時刷上一層礦物蜜粉。礦物蜜粉只需要一點點洗面乳就可以卸除乾淨，不需要大費周章地卸妝。

但這樣的化妝方式並不持久，每次看診到快要結束時，我大部分的妝容大概都脫了七八成。不過你要想的是：如果這個妝無法長久待在臉上，是否就更不容易塞住毛孔、導致粉刺了呢？而且說真的，快要下班的時候，根本很少人會管我臉上的妝是否花掉。另外，如果平常防曬做好、認真治療痘痘、早睡早起，皮膚就會自然散發出健康的光澤。

出國演講

像這種特殊場合，我會塗上一點點的粉底液、或是慣用的 BB 霜，與防曬一比一混合，然後再刷上粉餅或是蜜粉。這個目的只是增加多一點點的遮瑕力而已。

因為每次出國演講都是在高度壓力下準備演講內容，而且睡眠不足，皮膚的狀況通常比較不佳，這時就會需要比較能提亮氣色的彩妝。

上節目的妝容

我的天呀，我真的無法接受專業化妝師所化出來的妝感！不但把我的臉撲得跟藝伎一樣，粉底液、遮瑕膏、粉餅、蜜粉一應俱全，並且每隔十五分鐘壓一次粉，上完節目後我就覺得臉上跟鋪了蛋糕上的鮮奶油一樣，又厚、又油，又不能呼吸。如果每天叫我這樣化妝，我一定很快就會開始長囊腫痘！很可怕的是，我經常看到油痘肌病人都是這樣上妝，難怪很多病人會抱怨明明青春期都不會長痘痘，可是為何到了大學就開始長？因為上了大學愛漂亮之後，就開始化妝了呀！雖然並非所有成人痘都是這個原因，但是有很大一部分都脫不了關係。

21 油性肌膚的卸妝迷思

——卸妝油溶的不是妝，是你的膚質

「醫生，我每天晚上都使用卸妝油，因為我覺得我出油量很大，即使不化妝，我都認為我應該要卸妝。」

「市面上有那麼多卸妝產品可以選，為何一定要選卸妝油？」

「啊，不是化學課教我們溶解相同物質，要用一樣的物質嗎？油才能把油洗出來呀？」

我真的是被這個病人打敗了。

常見的油性肌膚卸妝迷思

「我要使用油性的卸妝產品，因為油才可以溶解油脂嘛！」

「我可以利用卸妝油溶解出黑頭粉刺或白頭粉刺。」

「只有卸妝油才能溶解可怕的空氣汙染、老廢角質與油性化妝品。」

以上這些，都是我常從油痘肌病人口裡聽到的迷思，事實上，使用油性質地的卸妝產品，如卸妝油、嬰兒油、晚霜，都很容易導致毛孔堵塞，造成痘痘揮之不去。萬萬不要在臉上做化學實驗，認為同質地的東西可以溶解同質地的東西；也不要認為反正卸妝油裡面通常有乳化劑，只要洗臉時乳化完全就可以避免殘留在臉上。但問題往往是發生在使用者沒有洗乾淨、沒有乳化完全卸妝油，進而導致長痘。通常油痘肌的病人，角質脫落都較為異常，會建議使用卸妝乳、卸妝棉片與卸妝凝膠等以水為基底的產品。

如果你是乾性、敏感性肌膚，就不適合使用含有大量酒精成分的卸妝產品，這樣會造成過度清潔，反而會導致皮膚更加乾燥。同時也應該使用低敏性與沒有香料的產品。

現在很多卸妝產品都含有洗滌劑的成分，意思就是一定要再用水沖乾淨，才不會殘留在臉上。如果沖洗不乾淨，長期下來會造成皮膚乾燥，並且刺激皮膚。換句話說，你的卸妝產品其實也是一種洗臉產品，只不過換一個名字而已。如果你使用的洗面乳已經可以把臉洗得很乾淨的話，就不需要

再使用卸妝產品了。

膚質	建議產品
油性肌膚	卸妝乳、卸妝棉片、卸妝凝膠
乾性肌膚、敏感性肌膚	卸妝油、晚霜，其實只要不讓皮膚乾燥的卸妝品都可

什麼時候應該要卸妝？

卸妝，顧名思義就是有使用彩妝產品就該卸除，例如睫毛膏、厚重的眼妝、厚重的底妝。

如果平常沒有上防曬的習慣，就可以免了這個步驟。我知道很多報章雜誌都說即使不上妝都應該要卸妝，因為空氣中飄浮許多髒東西，騎個摩托車之後就該卸妝。但說真的，只要正確地洗臉，這些髒東西都可被洗掉。其實不需要這樣自己嚇自己。

如果使用的防曬乳可以被你所使用的洗面乳洗乾淨，則可以免去卸妝。

卸完妝千萬不要忘了洗臉

卸妝可以除去濃妝或是汙垢，這會預防毛孔堵塞，並且確定你的臉部潔淨。但是單做卸妝這個步驟就去睡覺，還是不夠徹底，可能會有殘留卸妝產品在臉上。如果你的皮膚是油性或Ｔ字部位很油的混合性肌膚，再使用洗滌功力強的洗面乳洗臉，是很重要的下個步驟；溫和、不會造成皮膚過度乾燥的洗面乳，則比較適合乾性肌膚。

Q&A

Q：坊間所謂「洗卸合一」的產品可信嗎？是否用完就不需要再洗臉？

A：卸妝品與洗面乳的成分雖然都是界面活性劑，但是種類不同，有些可以比較輕鬆地溶解彩妝，有些則清潔力比較強。不同廠牌的洗卸合一產品則有不同比例的界面活性劑種類，所以卸妝力與洗淨力的效果皆不一樣。任何產品都可以用，重點是洗不洗得乾淨。如果你今天化了一個舞台妝，臉上塗的都是最厚重的油性粉底液，洗卸合一的產品可能不適合，需要使用一罐真正的卸妝產品，之後再使用洗面乳。但如果你只是擦了一罐潤色防曬乳，到了晚上也都掉得差不多了，那麼洗卸合一就相當適合。洗完臉後，感覺一下臉上是否還是油油的，或是用一塊沾濕的化妝棉，擦一下就知道了。

莊醫師失敗的卸妝「驚」歷

高中畢業舞會是我生平第一次化妝，而且是媽媽找化妝師來家裡幫我化的全妝。當晚媽媽還特別等我回家，告訴我要使用她的晚霜才能把妝洗乾淨。說真的，我印象超深刻，使用完媽媽的乳霜之後，我的臉完全沒有乾淨的感覺，反而覺得異常地油膩，比帶妝在臉上還不舒服！然後我記得我用洗面乳洗臉，至少洗了四次還是感覺油油的！

當時我年紀小，只是覺得很疑惑，為何卸妝產品會讓皮膚更黏膩、更不舒服？

大學時，我不禁問媽媽為何要用這樣的產品。她說她喜歡使用完這個產品後，臉有很高的滋潤感，因為她的皮膚是乾性肌膚。一人一種命，我完全沒有遺傳到母親的零毛孔乾性肌膚，所以之後就再也沒有聽信任何媽媽給的保養意見了！

22 老是脫妝該怎麼補妝?

——不讓皮膚有負擔的補妝步驟

油性肌膚無時無刻都在出油,即使用了無敵「持久」的粉底液也非常容易脫妝。通常越持久的底妝,就使用越多的油性基底,所以非常不適合油性肌膚,導致毛孔堵塞、長粉刺的機率也會很高。但是油性肌膚的人大多受不了頻繁脫妝的問題,就會錯誤地選擇這類產品。這時皮膚排出來的油再攪和含油的粉底液,上妝兩個小時後一定會脫妝。有時候半天過去了,在出油比較旺盛的地方甚至會出現結塊的油膩薄膜,妝感看起來就相當不理想。如果是漂亮女生,不小心在鏡子裡面看到這樣的情形,一定會覺得糗翻天!

油性肌膚脫妝該如何補妝?

很多民眾都不會補妝、補防曬,會好奇到底是再把產品補塗一層上去?還是直接去卸妝洗臉,整個妝再全部重上一次?還是用什麼產品稍微擦掉一層,再補上一層?我不是專業彩妝師,所以我會給的意見不是如何補上最完美無暇的妝容,而是如何快速把臉上多餘油脂有效地移除,並且不會造成皮膚負擔的補妝方式。因為補妝、補防曬最重要的目的是

「乾淨」、「方便」地塗上產品。

正確的補妝步驟

1. 先用面紙把多餘的油脂與被融化掉的粉底液壓掉。
2. 在臉上噴一點水，可使用開水放在霧化瓶裡，或是使用常見包裝好的噴霧水。
3. 再使用一次吸油面紙或面紙，把混合了水的皮脂與溶化掉的化妝品清掉一層。
4. 最後再塗上你的底妝或是防曬。

　　以上補妝方式是我認為非常簡便的方式，因為水是到處都可以取得的，即使是到洗手間在臉上噴一點水，也可以達到類似的效果。為何要把這些油脂擦掉呢？因為過多的皮脂留在臉上，就像在臉上擦了一層厚厚的油脂，造成角質代謝異常、毛孔堵塞、皮膚暗沉，尤其與妝粉攪和在一起，看起來更是有礙觀瞻。

　　常有病人打破砂鍋問到底，想知道臉泛油光時是否只能使用吸油面紙？我認為手邊常見的面紙就可以辦到了，特別講究的人再用吸油面紙就好。

莊醫師的補妝與補防曬方式

　　即使我一整天在外面社交，我很少會再補抹任何的粉底液，或是任何含有油脂的防曬乳。理由是我當下沒有辦法把那些混合皮脂與被氧化的粉底洗乾淨，若再塗抹一層油上去，一定會長痘痘。所以我的包包裡通常都只有一塊粉餅，或是礦物質的防曬蜜粉，充當粉餅補妝。

　　這塊粉餅我盡可能選擇吸油的成分，例如 clay、

starch、 talc、 silica 等等。再叮嚀一次，氣墊粉餅算是 BB 霜、粉底液的一種，不是乾性粉餅，不建議使用在油痘肌。

PART 5

讓美肌沒有瑕疵的第五步

——如何連一道疤痕都不留下？

23 明明沒有擠，為什麼還是留疤？

—— 就算要擠，也要正確地擠

> 「我超怨嘆我媽媽的！小時候她帶我去給人家清粉刺，那個阿姨每次都把我擠得超痛，所以才會留下這麼多的疤痕！」

K 先生臉上的痘疤可以算得上是嚴重型痘疤，除了上眼皮之外，臉部皮膚幾乎沒有一處沒有凹疤。可以看出，他青春期的痘痘一定長得極度嚴重，甚至有一度可能沒有任何一塊完整的皮膚。

> 「你以前長的痘痘是不是都是那種又大又腫、又會痛的那種？很多都在臉上發炎好幾個禮拜才消？」我問。

> 「醫生，你怎麼知道？」

> 「其實你的痘疤不能怪媽媽、或是幫你清粉刺的阿姨，只能怪你之前青春痘長得太嚴重了！」

還記得青春痘是一個慢性皮脂腺發炎的疾病嗎？重點在於「慢性反覆的發炎」，就會導致永久的疤痕！會留下嚴重痘疤，都是因為經年累月長出大膿包才有可能發生（雖然我也有聽過幾個病人突然間暴長半年痘痘，就留下嚴重的疤痕）。除了凹疤，發炎褪去之後，多多少少會留下黑黑、紅紅的印子，也讓人心情很不美麗。如果你的痘痘只長幾顆，且不是長期發炎，要留下難看的疤痕是很難的。但是如果你是囊腫型青春痘的病人，又沒在短時間控制下來，其實只要短短幾個月，臉上就會留下永久的疤痕。

　　長痘痘會不會留疤雖與體質很有關係，如果你的父母有嚴重的痘疤，你長痘痘會留疤的機率就會大幅提高；但最重要的還是與痤瘡發炎程度有關係。痘痘肌膚特別對皮脂會產生嚴重的免疫反應，發炎反應就是很多免疫細胞的聚集。你可以把這些免疫細胞想像成千上萬的國家軍隊，到一塊土地上打仗。打完仗，士兵當然會屍橫遍野，這塊土地當然也會被炸得滿目瘡痍。士兵的屍體就是痘痘的膿液，被破壞的土地就是留下的凹痘疤。所以，並不是不擠壓痘痘就不會留下疤痕，只要有出現發炎免疫反應，就有可能留下痘疤！

表皮受傷＋色素沉澱＝難看痘疤！

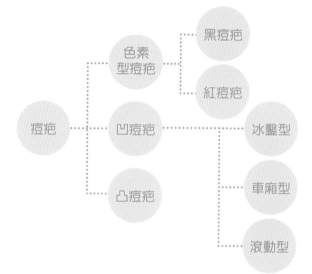

我會把痘疤分成色素型痘疤（包括黑頭疤與紅疤），與真正的凹痘疤、凸痘疤。疤痕的定義是永久性的組織改變，所以色素型痘疤並不能算是真正的疤痕，而是一種暫時性的皮膚顏色改變；真正的痘疤則有凹陷萎縮型與凸起來的型態，下一章會解釋得更清楚。

過度製造黑色素：黑痘疤

大部分的痘痘只要發炎非長期，或是發炎不嚴重，只會留下色素沉澱，就是我們俗稱的黑痘疤。但這種色素痘疤

只是暫時性難看而已，通常停留在臉上只有短短數週到幾個月。黑痘疤是表皮與真皮層受傷之後，啟動了黑色素細胞過度製造黑色素，導致色素沉澱在表皮與真皮層。越嚴重的表皮受傷，黑色素沉澱越嚴重。

什麼清況會導致表皮受傷最嚴重？答案是不正確地擠痘痘，尤其是一直撕皮的那種！黑色素痘疤褪去的時間與痘痘的嚴重程度成正比，如果是小膿包，通常會在一、兩個月內就消失；但是如果你每次都等不及痘痘自行癒合，不斷地又撕又擠，再把長好的結痂撕掉，這樣的黑痘疤可能會在臉上超過半年！

血管過度增生：紅痘疤

另外一種擾人的痘疤是紅痘疤。紅痘疤的形成通常都是因為囊腫青春痘，並且合併表皮的破損，這些痘痘的發作通常反覆並且嚴重。紅痘疤的顏色是因為發炎太過嚴重後的血管過度增生，皮膚想要修復，需要輸送很多的血液。但是這些血管是會自行消失的，但是時間比黑痘疤來得更長。大部分病人約在半年甚至一年半後消失。有些病人的紅痘疤非常嚴重，造成嚴重的社交障礙，這個時候我會建議施打退紅的雷射，讓紅痘疤快一點消失。

更讓人沮喪的是紅痘疤結束後，很多都會變成凹痘疤，除非在紅痘疤時期就開始治療。這就是我常說的「早期痘疤治療」，在紅痘疤時期就開始接受雷射治療，就可以讓凹痘疤不要這麼嚴重。

以上這些暫時性的色素痘疤，治療重點其實不是打什麼雷射、擦什麼藥，而是趕快控制青春痘，不要再長痘痘了！要不然色素已經出現才做治療，簡直就是亡羊補牢而已。我常恐嚇我的病人，如果他不答應我認真控制青春痘，我是不幫他打雷射除色素的！因為我打掉一顆，他長出兩顆，就會回診抱怨我的雷射沒有效。切記，治療痘疤的第一要務，就是不要再讓痘痘長出來！

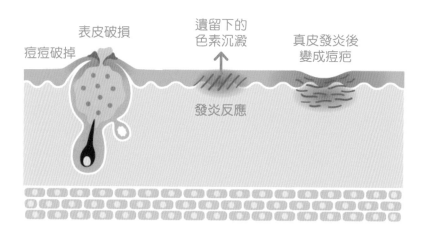

表皮破損
遺留下的
色素沉澱
真皮發炎後
變成痘疤
痘痘破掉
發炎反應

擠痘痘到底會不會留疤？

　　正確地擠痘痘不會造成疤痕，但是重點在於「正確」的方法。我在門診也經常拿乾淨的針頭，甚至有時用刀片把囊腫痘劃開，把裡面的膿液引流出來。這是醫生擠痘痘的方法。但是病人通常都無法這樣對自己下手，會用撕皮的方式把一層表皮撕開，這種撕皮的方式會導致嚴重色素沉澱，甚至會留下凹疤。

　　擠痘痘造成疤痕有兩種原因：

　　第一，欲罷不能型。很多人有強迫性擠粉刺，或是擠痘痘的行為，只要摸到臉上有一點不平整，就不斷地撕或是摳。這些人即使臉上都摳出了非常大的凹洞，還是會認為臉上還是有未清除的粉刺或是異物！這些病人要擠得過癮、甚至通通都擠完才會罷手。有些病識感比較強的病人會承認，他們就是無法停止擠痘痘，我甚至有遇過病人摳臉超過二十年，導致臉上也留下大塊的黑色素沉澱二十年！

　　第二，不正確地擠壓，導致痘痘長得更嚴重。大部分病人擠痘痘的出力方向，都會向下擠壓，把膿液與發炎反應往更深的真皮層下壓，所以可能造成發炎更嚴重。發炎加劇，

留疤的機率當然越高。

我也會幫病人擠痘，專業名詞稱為「切開排膿」，我會用一個比較大號的乾淨針頭，在表皮劃開一個小洞（放心，這樣不會留疤），再用兩根棉花棒，從痘痘發炎底部往外擠。如果膿液在一、兩次內沒有被擠出來，我就會放棄，直接打一針痘痘針，跟病人說痘子還沒有熟，需要等久一點之後再試，絕對不會硬擠，要不然可能讓發炎的痘痘越嚴重。

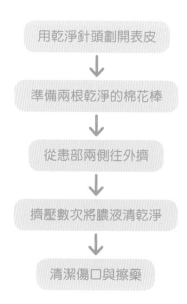

用乾淨針頭劃開表皮

↓

準備兩根乾淨的棉花棒

↓

從患部兩側往外擠

↓

擠壓數次將膿液清乾淨

↓

清潔傷口與擦藥

有一種可以自己在家擠的痘痘，就是很明顯冒出了白色膿頭的痘痘。如果家中有乾淨的針頭或是青春棒，可以先把膿頭最薄的皮戳破，然後用棉花棒輕輕地從兩邊把膿排出來，如果經過兩、三次擠壓還是感覺沒有擠乾淨，就不要再蹂躪那顆痘痘了。

其實我不建議病人一定要把痘痘「擠乾淨」，因為很多病人並不知道什麼時候應該要收手。有時候越擠，發炎越嚴重。這可能有兩個原因：第一，腫脹的原因可能是因為發炎，並沒有完全化膿，所以擠不出東西來。第二，發炎可能太深導致不能輕易被擠出，除非經過專業訓練的醫師來處理。

擠完痘痘之後，可立刻塗上一點之前所提的痘痘藥，降低發炎反應。如果傷口被擠得太大，可貼上痘痘貼或是人工皮。剛擠過痘痘、還有傷口的皮膚，持續建議使用洗面乳清潔，因為臉上的皮膚無時無刻都在出油，適當清潔才能避免長出更多。

24 我的疤究竟屬於哪一種?

——冰鑿型、車廂型、滾動型

一位快要五十歲,但是打扮入時的 M 女來找我諮詢,從諮詢的過程中可以知道,她已經做過很多次的雷射治療,臉上有一些不太明顯的痘疤。

她大概看過我很多的文章或是影片,所以一開口就直接詢問那些進階的治療,不是割、就是磨、要不然就得直接拿強酸起來燒……。我聽了不禁眉頭一皺,要是真的幫她做還還得了?到時候她不但不會感激我,一定會回來吵說我把她的臉弄得更糟!

我花了十多分鐘解釋,她的痘疤不該用很激進的方式治療,她看似好像已經打消這個念頭,也滿意了我給的建議。但她卻補問了一句:「醫生,我的痘疤是屬於哪一種類型?」

「嗯,妳的痘疤是屬於冰鑿型。」

突然之間空氣的溫度下降到冰點。

「妳很可惡耶!根本是庸醫!我怎麼可能是冰鑿型痘疤。那個超級嚴重,醫都醫不好耶!」

說完她立刻起身，轉頭就走出診間……。

常見的痘疤分類

　　痘疤的分類除了型態之外，還有嚴重程度需要考慮。另外分布的廣度，也是評估上很重要的一個步驟。目前常見的四大類痘疤大致上分為：

冰鑿型（icepick）

　　這是最常見的一種痘疤，約六成到七成比例的痘疤都是這類型，它的形狀好比有支螺絲起子從臉上鑿掉一塊肉的感覺。定義上，它的寬度要小於 2mm，深度可以從真皮層直到皮下脂肪層。

　　冰鑿型痘疤的成因是囊腫大痘破出表皮，並且從表皮到真皮層的整層皮膚都遭到毀損。冰鑿型痘疤可以很深，也可以很淺，越深層的冰鑿型痘疤代表整個真皮層裡面被破壞得

越嚴重，也是一種極度難治療的痘疤型態。但是淺淺的冰鑿型痘疤只要打個幾次雷射，或許就可以進化到變成大毛孔那般，可以被化妝蓋過。

車廂型（boxcar）

車廂型痘疤的型態是圓形、橢圓形，或是不規則形的寬口、廂型下陷，所以寬度較冰鑿型來得大。這種疤痕的特點就是邊界明顯，急遽下陷到底部。這些明顯的邊界形成類似車廂型的硬化疤痕組織。車廂型痘疤的寬度可以從 1.5 mm 到 4.0 mm；深度可以從 0.1mm，甚至到 0.5mm 都有。

車廂型痘疤的形成也是因為囊腫大痘合併表皮的破損，但是表皮破損更加嚴重，所以才會有一整塊皮整個不見。這個形態的痘疤治療也有嚴重程度的差別，所以治療也是依照病灶嚴重程度而不同。

滾動型（rolling）

滾動型痘疤讓皮膚看起來像波浪狀，呈現不規則狀的起起伏伏，把皮膚用力撐開可以把痘疤拉平。它最主要是因為異常的皮下疤痕拉扯表皮，導致外觀下陷。波浪的寬度大多

寬於 4mm 到 5mm。形成這類痘疤的原因與痤瘡癒合的方式有關，很多的滾動型痘疤下陷處與發炎出現的地方更廣，因為出現原因與疤痕癒合的方式有關。大部分的滾動型痘疤都出現在下巴與下臉頰處。

凸痘疤（hypertrophic）

除了凹陷型痘疤，也會出現凸起的疤痕，最常見的位置在鼻頭與下頜位置。尤其是鼻子上面的凸疤更是常見，對病人而言相當困擾。在下巴的凸痘疤有一個特點，就是顏色會偏紅。有時候即使不是很凸起，特別泛紅的顏色也會引起旁人的注目。另外，雖說臉上其他部位不容易出現像蟹足腫或是增生性疤痕的肥厚性疤痕，但是只要青春痘發生夠久，或是夠嚴重，在臉上的每個部位都有可能發生。

	冰鑿型 （icepick）	車廂型 （boxcar）	滾動型 （rolling）	凸痘疤 （hypertrophic）
痘疤型態				
寬度	小於 2mm	1.5 mm ～ 4.0mm	4.0mm ～ 5.0mm	
深度	可以很深， 也可以很淺	0.1mm ～ 0.5mm	0.1mm ～ 0.5mm	從 3mm 到 10mm 厚， 甚至更厚
特色	占六成到七成比例，成因為囊腫大痘破出表皮，並且從表皮到真皮層的整層皮膚都遭到毀損。	圓形、橢圓形，或不規則形的下陷，邊界明顯，寬度較大。	像波浪狀，呈現不規則的起伏，把皮膚用力撐開可以把痘疤拉平，大都出現在下巴與下臉頰處。	常見的位置在鼻頭與下頜位置，但是只要青春痘發生夠久或夠嚴重，每個部位都可能發生。
治療方式與難度	深度痘疤相當難治療。淺層痘疤則可透過幾次雷射恢復到類似大毛孔的程度。	須使用汽化式雷射才能霧化疤痕界線。	・皮下重建 (Subcision) ・UP 雷射與多層次熔疤，嚴重時須合併填充。	・降低凸疤厚度：UP雷射、鉺雅鉻雷射。 ・退紅：染料雷射、BBL。

判斷疤痕的嚴重程度與分布廣度

痘疤應該要把嚴重程度與分布廣度納入考量。例如一個嚴重的冰鑿型痘疤與一個輕微的冰鑿型痘疤不是一樣的問題,治療的方法也不一樣,治療的次數也不一樣,造成病人外觀上的困擾也不一樣。

另外,痘疤的分布廣度也應該納入評估。例如你的臉上只有五顆很深的冰鑿型痘疤分散在兩頰,那你會需要認為自己的問題很嚴重嗎?當然不用。

一般的嚴重程度可以這樣判別:

一、輕微痘疤:在一個手臂長度(約 50 公分)以外的距離並不明顯,上了妝之後更是可以完全遮蔽。

二、中度痘疤:在一個手臂的距離就可以輕易看見,上了妝之後還是不容易蓋掉。若是萎縮型痘疤,用手拉扯可以把痘疤拉平。

三、嚴重痘疤:在遠遠的地方(2 公尺以上)就可以看到臉上的不平整。用手扯痘疤是無法拉平痘疤的,我通常稱

這種痘疤為硬痘疤。這類的痘疤如果沒有經過任何類似汽化雷射的治療，無法有很好的改善。

莊醫師對疤痕的臨床觀察

關於痘疤這件事，在乎的人就是很在乎，即使只有幾個小洞在鼻頭上，也覺得全天下的人都會注意到那幾個微乎其微的洞，甚至打從心裡認為自己是隻醜小鴨。不在乎的人，即使是整臉如同月球表面，還是每天開朗積極地打拚事業，完全不會為了臉上的狀況影響自己的自信心。

每天幾乎都有超級無敵霹靂亮眼的美女，拿著今年冬天還沒上市的名牌包包，踏著亮晶晶的高跟鞋，來跟我抱怨她臉頰上面幾個小到不能再小的洞。我會不厭其煩解釋，她們的痘疤是不需要治療的。但是這些病人經常都聽不進去，說什麼就是要接受治療，不幫這些人治療好像變得我不近人情。

另外一派就是不在乎的人。我有些朋友臉上也有嚴重的痘疤，有位富有的建商老闆，每天日理萬機，要跟無數的人開會、談生意、監督工程進度，他也不在乎被這麼多人看見臉上的瑕疵。雖然他知道我的專長是治療痘疤，可是每次有機會見面，他只會自嘲一下

說，如果有天我把他的皮膚變成像嬰兒一樣好，太太會不會不要他？但說真的，無論是朋友或另一半，都不會因為臉上的痘疤而少喜愛你一分。

我常說痘疤的嚴重程度，每個人心中自有一把尺，我的工作則是藉由雷射與手術，盡可能把它修正到病人能夠接受的樣子。畢竟以目前的科技，實在無法把痘疤完全恢復為正常皮膚，難道臉上有點痘疤的人，要一輩子活在認為自己不完美的陰影中嗎？

25 從手術到雷射的凹疤治療

——飛梭雷射不是唯一解！

　　我曾經看過一位非常年輕、大約二十歲出頭的 P 少年，跟著媽媽一起來諮詢。他臉上泛紅得很嚴重，痘疤也是滿嚴重的。一問之下，他已經打過五十次的飛梭雷射！五十次耶！

　　我敢大膽地評斷，他臉上的敏感問題都是因飛梭雷射造成，因為他很聽話，診所叫他每個月去打一次飛梭雷射，他就乖乖照做。雷射治療都會造成角質層的破壞，定期且長期地密集施打，鐵定會形成敏感性肌膚。雖然經過這麼多次的治療，我覺得他的痘疤還是相當嚴重。

　　「醫生，我已經放棄了，雷射這麼多次了，可是我完全感覺不到一絲絲的進步。」

　　P 少年或許有點誇張，但是痘疤治療是非常專業的一門學問，隨便找一家醫美診所，不知道機器、能量、痘疤型態與嚴重程度，胡亂打一通，確實無法讓痘疤進步。

關於痘疤的治療，我可以講三天三夜也講不完。但是礙於篇幅，我只能在這邊說個大概。

治療痘疤的治療方式不是只有雷射而已，而雷射裡面也不是只有飛梭雷射而已。

飛梭雷射之所以讓大家耳熟能詳，是有它竄起的歷史背景。大約在十多年前，雷射科技有個重大的突破，原本修復期很長的磨皮雷射，透過特殊的光點輸出，不治療整體皮膚，只治療幾個百分點的局部皮膚。好處就是讓雷射的修復期與副作用大幅降低，但是治療效果也同時大幅降低。之後又再推出了很多的非汽化式雷射，再加上治療更小範圍的皮膚，導致效果又再更加降低。

這時候恰好醫學美容行業蓬勃發展，每家醫美診所都買進了一台「飛梭雷射」；美容行業是個不容許造成客人副作用、不允許太長修復期的行業，業者當然就把能量大幅降低，這樣的治療充其量只把角質層燒掉一層而已，更別說可以治療痘疤了。飛梭雷射經過了無數的醫美診所背書與行銷，就這樣以訛傳訛地變成可以治療痘疤的神器了！但是大部分的

病人對飛梭雷射的經驗就是，頭幾次會感到有些許改善，但之後再怎麼打都沒有效了；要不然就是在打完之後，皮膚腫脹一週結束後，痘疤就會現出原形。

痘疤治療不是美容，是百分之百的醫療行為，這些治療絕對是有修復期、也有副作用的，病人應該要全盤了解之後才可以進行治療。

為什麼打了幾次雷射，都達不到預期效果？

治療痘疤相當複雜，需依不同痘疤型態、分布情形與嚴重程度選擇治療方法，並且要與病人認真討論可接受的修復期等問題。疤痕位置倘若在真皮層，或是大囊腫痘痘導致的深層發炎反應，會深至皮下 2mm 到 3mm，絕大部分的雷射無法達到這麼深層的破壞，雷射儀器當中只有幾台可以達到這麼深的治療深度。如果醫師使用的雷射只能深入到角質層，要瓦解位於真皮層、又頑固又硬化的痘疤，簡直是難上加難。所以，修復期太短的雷射、沒有任何副作用的雷射，效果根本只是微乎其微。

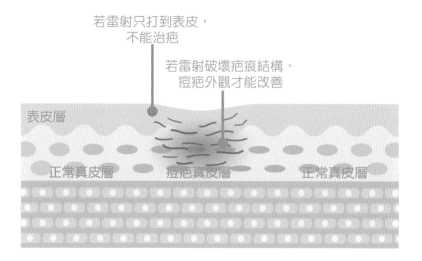

若雷射只打到表皮，
不能治疤

若雷射破壞疤痕結構，
痘疤外觀才能改善

表皮層

正常真皮層　　痘疤真皮層　　正常真皮層

　　聰明的痘粉一定會很不以為然地問我：「難道打雷射一定要打到流湯流水，不是反黑就是反紅才會好嗎？」我必須要跟大家誠實地講：「是的！」疤痕是一個永久的組織改變，不是暫時性的色素問題，所以要費很大的力氣才能改善些許的外貌。很多從來沒有治療過痘疤的病人，甚至還會認為只要擦擦藥，痘疤就會不見。也有很多病人會天真地問我說，如果打雷射每次可以進步百分之十，那打十次是不是可以達到百分之百？

　　疤痕永遠是疤痕，如果痘疤輕微，的確可以透過幾次的雷射治療後大幅度改善，病人就此不會因為痘疤而感到自

卑。但是如果痘疤嚴重，要改善到親朋好友的肉眼都可以觀察得出來，一定要費很大的力氣，沒有做重度的雷射治療一定無法辦到。以目前的醫學技術，嚴重痘疤的病人要恢復到正常的皮膚是近乎不可能。

Q&A

Q：痘疤治療常見的三大迷思是什麼？

A：1. 擦藥後痘疤就會不見

2. 痘疤經過雷射治療之後就會恢復正常

3. 雷射治療完全無風險，之後就邁向美麗的康莊大道

跟疤痕說再見的四條途徑

我們可以把痘疤治療粗分成：一、雷射治療 ；二、痘疤手術 ；三、化學性換膚 ；四、填補。

雷射治療

市面上有太多的雷射種類。就連我自己的診所，每年都會添購一至數台的大型痘疤治療雷射機台。醫學的進展日新

月異，迫使醫生要不斷學習新的科技，並且除了添購新的設備，更要熟悉使用雷射的治療參數。我大部分沒有看診的時間，都花在摸索這些雷射的參數。如果問我目前認為最有效的雷射，肯定跟我五年前認為有效的不一樣，而五年後我認為最有效的幾款雷射，肯定也會有差異。

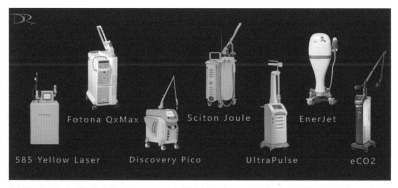

目前光是在我診所治療痘疤的雷射就有這幾種，這個清單還一直不斷在增加當中。

　　所以我在這邊不講太多雷射的種類，因為名字實在太多，反而導致病人無從選擇。如果你對各式各樣的雷射感興趣，請參觀我的 YouTube 頻道，我會不定期地科普各式各樣的雷射儀器與原理。但是病人只要抓準一個大原則——修復期長、大型破壞的雷射效果通常比較好，治療所需要的次數

比較少；若修復期短，通常效果不彰，所需要的治療次數也
比較多。

　　治療痘疤的雷射可分為汽化式或是非汽化式雷射。汽化
式雷射的修復期比較長，可能導致的反黑、反紅機率比較高，
所需要的治療次數比較少。治療次數取決於醫師使用的能
量，與醫師的施打方法。

汽化式雷射	非汽化式雷射
二氧化碳雷射、鉺雅鉻雷射	鉺玻璃雷射， 1550nm，1540nm，1927nm
修復期長	修復期短
治療次數可比較少	治療次數須更多次
東方人容易反紅反黑	比較不易反紅反黑

　　常見的汽化式雷射有：
　　・二氧化碳雷射（Carbon Dioxide Laser）
　　・鉺雅鉻雷射（Erbium-YAG Laser）

　　常見的非汽化式雷射有：

- 鉺玻璃雷射（Erbium-glass Laser）

現在又有另外一類是半汽化式，只汽化表皮，效果介於完全汽化與非汽化之間：
- 皮秒雷射（Picosecond Laser）
- 分段式電波（Sublative Radiofrequency）
- 微針滾輪、彈力飛針（Microneedling，屬非雷射類，但為了分類故放在此）

痘疤手術

光是修復期長的痘疤雷射，病人都需要思考再三，更何況在自己臉上動刀！不過有時候真的逼不得已，就需要進行到這一步。當痘疤太嚴重時，光靠雷射還是無法達到滿意的效果，就真的必須拿出刀，把這些難搞的疤痕組織整個挖掉、縫補起來，看起來才會比較平整。有些凹疤太過於嚴重，雷射無法刺激出足夠的膠原蛋白讓凹疤平整，需要靠外來的輔助方式把痘疤填補起來。

比較常見的痘疤手術有下面幾種：

- 全皮層移植：適合數量少，但很深的冰鑿型痘疤

- 真皮層移植：適合很深的車廂型痘疤、淺碟型痘疤
- 切除縫合：適合冰鑿型痘疤
- 環狀縫合：適合車廂型痘疤
- 皮下重建：適合滾動型痘疤
- 自體脂肪移植：適合因為嚴重痘疤導致的臉型凹陷

　　我知道你看完上面的幾種術名，每個字你都懂，但還是看得霧裡看花。我所要表達的意思就是，痘疤治療其實五花八門，因為痘疤型態也是千變萬化，所以治療無一準則，非常需要會治療痘疤的醫生進行專業判斷，才能評估出最有效的治療方法。

化學性換膚：三氯醋酸（ＴＣＡ）換膚

　　千奇百怪的痘疤治療裡，我一定要提到三氯醋酸換膚。

　　這個治療方式跟磨皮一樣，是一個失傳的老師傅技術，在台灣幾乎很少醫師在做這樣的治療，所以很少病人知道。但它的治療效果其實非常好，也可以解決很多雷射無法解決的問題。由於三氯醋酸是液體，可流入痘疤或大毛孔這些小小的凹槽裡，完整地治療整個痘疤的凹面，是雷射光無法達到的。

三氯醋酸很少被討論，是因為沒有一個藥商願意拿它去辦理藥證，如果它可以有很好的治療效果，但是缺乏證照，它就會無法宣稱任何療效，也就不能稱之為藥物、醫療器材，醫生也不可能大力地去宣傳它來造福病人。我曾經為了要親眼目睹三氯醋酸如何有效又安全地治療痘疤，特地飛去美國的比佛利山莊拜師學藝，但是沒有藥證真的很可惜！

填補

適用於填充的痘疤有以下幾個重點：

- 表皮不要有太多的「肩膀」：這些肩膀特別會出現在車廂型痘疤。
- 痘疤寬度要大約 2 到 3mm：太小只會造成填不平的窘境。
- 不能是硬痘疤，而是可被撐平的痘疤：如果在還未填補前就可以用拉扯變得相對平整，則是很好的填充對象。

填充物不能使用在冰鑿型痘疤。冰鑿型痘疤是小於 1 至 2mm 的深層疤痕。這些痘疤在真皮層的疤痕組織很厚、很硬，甚至有鈣化的情形。

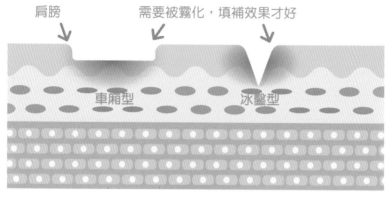

肩膀　　　　需要被霧化，填補效果才好

車廂型　　　　冰鑿型

　　並不是每一種痘疤都適合填補。例如圖中這類非常深層的冰鑿型與車廂型痘疤並不適合，因為表皮有太多的不平整。需要使用進階的汽化雷射，如 UP 雷射，從每一個洞下去雕刻疤痕，讓凹洞的邊邊角角霧化，再進行填充，才能達到更好的效果。甚至有些很深層的冰鑿型痘疤需要做到全皮層移植，再進行汽化式雷射，才能得到最好的治療。

　　填充物的優點：

・效果立即。

．注射材料相對普及。

．修復期與雷射相比非常短，頂多因為皮下重建術瘀青一週。

可以選擇的填充物會依照醫學的發展而日新月異，填充物的材質列表也跟雷射一樣會一直變長。

我目前最常使用的填充物包括：一、玻尿酸；二、洢蓮絲；三、聚左旋乳酸；四、自體的真皮層。

最後，我還是要強調協同式痘疤治療的重要性！任何一種治療並不能解決所有痘疤問題，完整的痘疤治療需要合併兩種、甚至三種以上的治療方式，方能達到最完整的效果。

雷射非常仰賴操作者的技術！

　　這裡我必須講一個很重要的觀念——痘疤是凹洞與組織增生，所以治療上的施打方式需依照每個人的痘疤型態與分佈，有不同的做法，所以絕對不是用雷射探頭蓋印章，毫無專業技術地草草蓋完而已。你想想，如果雷射可以讓凹陷的痘疤長出一些肉來，那如果掃在正常的皮膚上，不是也應該也要長出一堆肉嗎？憑什麼打一模一樣的能量，每塊肌膚都蓋同樣的能量，而只會讓痘疤變平，卻不會讓正常皮膚增生？

　　以前我對痘疤還沒有這麼深入了解時，就開始使用飛梭雷射治療病人，對於治療效果也感到相當挫折。所幸後來有機會看到幾位治療疤痕的大師，運用雷射到爐火純青的地步，經過特殊的幾點掃射，就可以讓整體疤痕軟化，開啟了我對疤痕的研究興趣。

26 偽裝成痘子的凸疤治療

——消除蟹足腫與增生組織的祕密

> 「醫生，我下頷這邊有幾顆痘痘一直消不掉，凸凸硬硬的，試著擠它也沒有東西跑出來，醫生還幫我打過痘痘針，可是怎樣都不會消！」
>
> 「你這些東西長多久了？」
>
> 「我也不知道……前陣子我狂冒痘痘後，一直不斷地蔓延到下巴後，就一直留在那了。」
>
> 於是我判斷，這位年輕的 C 男，下頷骨長的其實不是痘痘，而是一種凸起來的痘疤。
>
>
>
> 「你那個大概只能打雷射才能改善，不要再去擠它們了。裡面沒有膿，越擠反而會讓疤痕越大顆！」

痘疤不是只有凹陷型，也有凸起來的痘疤。大部分的人都只認得凹痘疤，對於臉上的凸痘疤卻把它們誤認為痘痘，不斷地做些無謂的痘痘治療，卻不見起色。

凸痘疤其實是一種增生性疤痕。很多人對「蟹足腫」這個詞並不陌生。它是一種嚴重的疤痕，是有色人種的常見體質。它的成因雖然不明，但是與嚴重的發炎反應，或是慢性的傷口沒癒合有很大的關係。

蟹足腫如字面上的含義，就是疤痕的生長好像螃蟹的螯，從原本的傷口不斷地蔓延出大大的疤痕。雖然疤痕只是難看而已，不會導致病人實際上的病痛，但是蟹足腫卻例外。許多病人的胸口蟹足腫，會造成非常難受的搔癢與疼痛。因痘痘而長出的蟹足腫常常好發在前胸、背上或是肩膀，有時候病人甚至沒有印象他們的胸口曾經長過痘痘，只要有這個體質，就容易莫名其妙冒出又紅、又腫、又痛的蟹足腫。

臉部因為油脂分泌比較旺盛，蟹足腫比較少見，但是在下巴、鼻頭與下頷等部位，就非常容易造成增生性疤痕。增生性疤痕講白話一點，就是不會蔓延的蟹足腫，但還是長得比一般的白色疤痕凸起很多。

常見的凸疤發生部位

一、鼻頭：有些病人什麼地方都不長痘痘，只會長大爛

痘在鼻頭上，長久下來導致鼻頭上有一顆一顆的凸疤。

二、下頜：尤其常發生在有蟹足腫體質的病人上，一有慢性發炎的大顆痘痘，就遺留下增生性疤痕，甚至蟹足腫。

三、下巴：下巴的凸疤常會被病人誤認成內包型粉刺，不斷請美容師清粉刺，但卻清不出個所以然。這好發於容易長經前痘的女性，因為這些病人的下巴長年都會長很多的發炎性痘痘，數年下來就會遺留下一顆顆的白色凸起小疤。

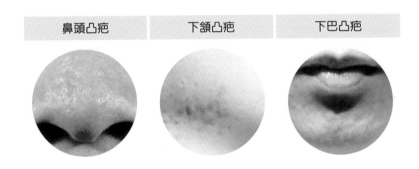

| 鼻頭凸疤 | 下頜凸疤 | 下巴凸疤 |

想要別留疤，就要先控制痘痘

越慢好的傷口越容易產生嚴重的疤痕。還記得痘痘就是

一種慢性的皮脂腺發炎疾病嗎？重點就是「慢性」！尤其是發炎嚴重的囊腫型下巴痘，更容易留下凸疤，所以控制痘痘才是預防疤痕的第一步。

特別是有蟹足腫體質的病人，更是要千方百計，不要讓自己身體冒任何一顆痘痘。有些病人臉上並不長痘痘，但是就容易長在前胸跟後背，如果再加上蟹足腫體質，可能下場會非常淒慘，導致整個前胸都是蟹足腫。由於疤痕非常難以治療，控制痘痘則是簡單許多的事情。

控制痘痘請看這本書的前幾章節。我會特別建議要嚴格控制痘痘的方法之一，就是服用口服A酸，因為前胸後背的面積非常廣大，不太可能靠擦藥控制，其他的一般抗生素效果也非常有限。因此，只要胸口有痘痘再加上蟹足腫，我都會非常鼓勵病人使用一段時間的口服A酸。

看雷射如何改善凸疤

效果出色的臉部凸疤治療

目前有很有效的雷射，可以幫忙讓這些凸疤改善非常多。我不敢說可以完全不見，但是消除百分之六十到七十，

通常是沒有太大問題的。

　　我通常會使用兩台雷射治療，第一台是 UltraPulse（UP 雷射），第二台是西頓的鉺雅鉻雷射，先把凸起來的疤痕消除，之後再處理剩餘的泛紅問題。由於這些凸疤是很厚實的，我用超音波去測量這些疤痕，有時候甚至會有 3mm 以上的厚度。這兩台雷射很特別的地方在於，可以打得比平常同類型的雷射更深，更完整地破壞疤痕結構。如果在施打時再配合藥物，例如類固醇，藉由雷射鑿出來的小孔，就能更完整地讓藥物在病灶內擴散。

　　臉上凸疤的治療效果，遠比身上的蟹足腫或增生性疤痕容易太多了！臉上的治療效果，一般來說都算是顯而易見。

身體上的蟹足腫與增生性疤痕

　　至於身體的蟹足腫，我通常建議病人從病灶內注射或是冷凍治療開始進行。很多病人透過這些一般皮膚科診所就可以提供的治療，便能減緩因蟹足腫所造成的不適感。但是萬一透過多次的病灶內注射還是沒有效，就可以考慮進行雷射治療。

治療蟹足腫的雷射有 UP 雷射、鉺雅鉻雷射、染料雷射、脈衝光等退紅雷射，但是依然有可能遇到對此沒有反應的病人。若是對注射、冷凍、雷射皆沒有反應的病人，我才會建議到大醫院，先割除大部分的蟹足腫，在幾乎同時間找放射線治療科進行放射線治療。

蟹足腫一般不建議只進行手術治療而不進行放射線治療，因為疤痕越長越大的機率很高。由於放射線與手術切除屬於比較後線的治療，我還是會建議先進行階段性的嘗試性治療，若不成功才進行風險比較高的手術。

如無效　病灶內注射 or 冷凍治療 → 雷射 · UltraPulse · Broadband Light · 染料雷射 → 如無效 → 手術切除 ＋ 放射線治療

27 未來有可能完全消除痘疤嗎？

——從一開始就杜絕留疤的可能

痘疤、疤痕等問題原本是一個不可治的病症。但是拜醫學發展，各種雷射與手術已可把疤痕大幅美化。但是疤痕畢竟是病理性不可逆的改變，醫生只能移除部分不正常的疤痕組織，所以最後還是有無法盡善盡美之處。這就是痘疤治療本身的難處。

雷射雖然在大眾的認知中發展相當快速，但除了三、五年前發展的皮秒雷射為比較創新的應用，其它對於凹疤的醫療雷射，其實十幾年下來並無太多進展。目前的雷射、手術、換膚只能改善凹疤的外觀，要百分之百把疤痕組織變成正常的皮膚，仍然是不可能的。

2019 年台灣才開放幹細胞療法。光是「幹細胞」這三個字就夠讓人興奮，因為聽起來就希望無限！人類的身體裡有一系列的細胞，可以透過特殊的萃取與培養方法，提供大量的間質幹細胞做各種治療上的應用。這個治療並不是什麼新奇的科技，在幾十年前就已經被提出可以用來治療各種「不治之症」，但是由於這個治療的倫理、技術各方面都不盡成熟，所以目前只應用在血液疾病上的治療。大家常耳聞的骨

髓移植就是一種幹細胞療法，用的是造血幹細胞，而不是間質幹細胞。

在疤痕治療應用上，幹細胞才剛剛起步，很少有醫學文獻提到怎麼治療。言下之意就是，要大量應用在人體上還有很長的一段路要走。目前台灣也幾乎可說沒人使用在疤痕治療上面，所以有很大的技術關卡需要克服。

另外還有費用問題，由於幹細胞治療法每個環節都是人力密集、勞務密集、技術密集、設備密集，從醫師幫病患抽取幹細胞需要麻醉、手術、護理人員，到運送幹細胞到儲存銀行需要特殊裝備的車輛，培養實驗室裡要設立大量的技術人員，儲存細胞時不能斷電，要無時無刻供電給液態氮的封槽，哪個不需要耗費極度高昂的費用？所以，病患所需要負擔的費用也就相當驚人，絕不是一般的民眾可負擔得起。

但是我永遠都是樂觀的，這些都只是一開始。說不定過個二、三十年，技術就成熟了，費用也跟著降低很多。這也是我認為醫學最好玩的地方，永遠都有新的東西可以學，永遠也都有希望。

莊醫師對於痘疤與痘痘的真心話

我認為痘疤的治療重點，還是在治療青春痘與預防青春痘的產生。我在診所裡的工作百分之七十是在治療痘疤，百分之二十是在控制青春痘的膚質，其餘的百分之十才是在做其他的美容治療。雖然幫助嚴重痘疤病人恢復自信，讓我獲得很大的成就感；但是數年下來我發現治療青春痘，才能預防痘疤的發生。

每次看到痘疤病人要經過多次的治療，而且每次治療完畢，病人不是個個像被卡車輾過去，要不然就是像騎機車摔車那般「犁田」，又紅、又腫、又流湯才能出得了診所，每次我在施打這些雷射時，我都非常明白痘疤病人接下來所受的苦。每次打完雷射，撕下人工皮進行換藥時，在鏡子裡病人看到脆弱的新生皮膚，又會聯想到多年前被嚴重痘痘折磨的煎熬，這時其實是對病人心靈上的二次創傷。但是為了給予有效的治療，我實在得必須這麼治療病人。

一般來說，痘疤治療不會一次就搞定，一定需要治療多次才能得到滿意的效果。所以我常說，每個來治療痘疤的病人都是勇士，真的要有百般的耐痛力，也要禁得起很多人的異樣眼光。

更讓人沮喪的是，痘疤治療並無法百分之百改善所有痘疤問題，尤其是嚴重痘疤！要改善個百分之

五十，才能讓周遭的人看出改變，這是一定要受到數次的雷射、手術折磨才能有的效果。不要忘了，雷射可是有修復期和反黑／反紅期，會暫時性讓肌膚看起來更花更糟！

所以，治療痘疤真的是最最最最傻的治療，根本應該是治療痘痘！青春痘的治療應該要寫進國民教育教科書裡。國、高中班導師應該要受到專業的皮膚科治療訓練才是。學校也要有輔助系統，協助嚴重的患者就醫，甚至強迫就醫。萬萬不要等到滿臉是疤才要治療，真的是事倍工半，不僅討皮痛，荷包也很痛。治療青春痘，就連自費的口服 A 酸都遠比痘疤治療便宜好幾倍。

我希望這本書可以幫助更多的痘痘病人了解痘痘的真貌，並且早點著手解決，萬萬不可等到都是痘疤來才來治療。期望每個為了面子所苦的你，都能因為這本書而有更多的收穫。

商周其他系列 BO0304

痘痘，醫生教你鬥！
痘疤女王莊盈彥讓肌膚乖乖聽話的養肌攻略

作　　　者	莊盈彥
企 劃 選 書	黃鈺雯
責 任 編 輯	黃鈺雯
版　　　權	顏慧儀、吳亭儀、林易萱、江欣瑜
行 銷 業 務	周佑潔、林秀津、賴正祐、吳藝佳

總 編 輯	陳美靜
總 經 理	彭之琬
事業群總經理	黃淑貞
發 行 人	何飛鵬
法 律 顧 問	台英國際商務法律事務所
出　　　版	商周出版　臺北市中山區民生東路二段 141 號 9 樓
	電話：(02)2500-7008　傳真：(02)2500-7759
	E-mail：bwp.service@cite.com.tw
發　　　行	英屬蓋曼群島商家庭傳媒股份有限公司城邦分公司
	台北市中山區民生東路 141 號 11 樓
	電話：(02)2500-0888　傳真：(02)2500-1938
	讀者服務專線：0800-020-299　24 小時傳真服務：(02)2517-0999
	讀者服務信箱：service@readingclub.com.tw
	劃撥帳號：19833503
	戶名：英屬蓋曼群島商家庭傳媒股份有限公司城邦分公司
香港發行所	城邦（香港）出版集團有限公司
	香港灣仔駱克道 193 號東超商業中心 1 樓
	電話：852—25086231 或 25086217　傳真：852—25789337
	E-mail：hkcite@biznetvigator.com
新馬發行所	城邦（新、馬）出版集團
	Cite（M）Sdn. Bhd.（458372U）
	41, Jalan Radin Anum, Bandar Baru Sri Petaling,
	57000 Kuala Lumpur, Malaysia.
	電話：603—90578822　傳真：603—90576622
	E-mail：services@cite.com.my

封面設計暨內文設計排版／走路花工作室
封面攝影／赫娜手工訂製品牌婚紗

印　　刷／鴻霖印刷傳媒股份有限公司
經 銷 商／聯合發行股份有限公司
電話：(02)2917-8022　傳真：(02) 2911-0053
地址：新北市 231 新店區寶橋路 235 巷 6 弄 6 號 2 樓

ISBN 978-986-477-742-6
版權所有 · 翻印必究（Printed in Taiwan）
定價／ 350 元　2019 年（民 108 年）11 月初版
　　　　　　　2023 年（民 112 年）10 月初版 5.1 刷

國家圖書館出版品預行編目 (CIP) 資料

痘痘，醫生教你鬥！：痘疤女王莊盈彥
讓肌膚乖乖聽話的養肌攻略 / 莊盈彥
著 .-- 初版 .-- 臺北市：商周出版：家
庭傳媒城邦分公司發行 , 民 108.11
　面；　公分 . -- (商周其他系列；
BO0304)
ISBN 978-986-477-742-6(平裝)

1. 皮膚美容學 2. 化粧品

425.3　　　　　　　　108015809